職業婦女也能

快速上菜！

菜好煮・煮好菜

100 道料理

爆速食譜創造者

Oyone

前言

初次見面，我是Oyone！

非常感謝您在眾多的書籍中挑選了這本書。

我原本是一名普通的職場媽媽。
雖然從十幾歲開始「烹飪」就成了我的興趣，
但在成為母親後，工作和育兒讓我變得非常忙碌，
烹飪的時間逐漸被削減，
我甚至幾乎忘記了自己喜歡烹飪。

當我感到生活已經到了極限時，
「不想失去喜歡的事情」「雖然沒有時間，但仍希望每天都能快樂地度過」
這樣的想法不斷湧現，於是誕生了許多「禁忌」的食譜。

由於我性格急躁，所以在我的食譜中盡量省去繁瑣的步驟。
但是，無論怎麼簡化我都希望能為家人做出美味的食物。
基於這種心情下而誕生的快速食譜，於2021年首次在社交媒體上發布。

之後，得到了許多迴響，
因此，我決定出版食譜書。
感謝一直支持我的大家。

我相信在我的食譜中會有許多讓你感到「這不可能！」的地方，
這本書是為了讓喜歡烹飪的人和不那麼喜歡的人
都能在忙碌的日子中找到一種選擇，
希望大家都能從中享受到烹飪的樂趣。

如果讀完後，有「感覺輕鬆了」
「終於可以輕鬆過日子了」「好吧，來試做一下吧！」
這樣的感受，那會讓我感到非常的開心。

CONTENTS

PART 1
收集了深受好評的人氣食譜！

PART 4
馬上就能完成令人滿意的料理

可作為配菜或是小吃！
再加一道！快速菜單

只需拌勻！祕製 2 款中式小品

即席！用方便的鹽醬做出店家的風味

PART 5
美味的簡單小點心

絕技
1
平底鍋

從前處理到加熱，只用平底鍋就搞定，也不會弄髒廚房。

不需要砧板的

肉捲飯

全部在平底鍋內完成，這是Oyone的代表作。
將米飯緊緊地包在肉片中。
這樣一來，未來將是光明的！

豬肉 120g

讓肉攤成四方形！

鋪上一張長一點的保鮮膜，排上豬肉。↓

紫蘇 3大片

起司片（縱向撕成三等分） 1 片

放上紫蘇、起司片 ↗

Oyone 小姐的 **4** 大絕技！

首先要介紹的是基本的烹飪技巧。

材料 (2人份)

薄豬肉片…120g×2、紫蘇…3片×2、起司片…1片×2、
米飯…140g×2、麵粉…2小匙、米酒…1大匙
醬油…1大匙、砂糖…1大匙、炒白芝麻…適量

調理時間
⏱ **15** 分鐘

POINT
將肉從左右邊捲起來，以防止飯從中間溢出。

米飯 140g

放上米飯後，將肉從左右二邊捲起來↓

POINT
要緊緊地捲起來。「米飯和肉分離，幾乎變成炒飯（淚）」這樣的事情應該不會發生。

連同保鮮膜一起捲起來。→

9

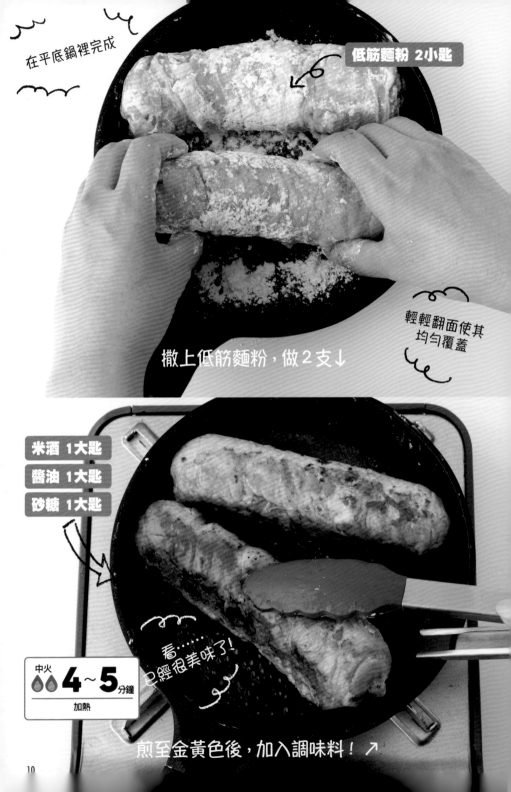

在平底鍋裡完成

低筋麵粉 2小匙

輕輕翻面使其
均勻覆蓋

撒上低筋麵粉，做2支↓

米酒 1大匙

醬油 1大匙

砂糖 1大匙

中火 4~5分鐘
加熱

看……
已經很美味了！

煎至金黃色後，加入調味料！↗

不弄髒的
最短距離

煎好後，放在盤子上喀嚓。↓

撒上芝麻

完成！

絕技
2
烘焙紙

用烘焙紙來降低碗和
烹飪工具的使用度。

只要一拉！ **平底鍋拌飯**

大家都喜歡的石鍋拌飯。如果用烘焙紙來做的話，
連同拌菜也能只用平底鍋就完成。
既然最後都要混著吃，那就少洗幾個碗吧！

平底鍋專用的
烘焙紙

豬絞肉 150g

中火 🔥🔥🔥 **4~5** 分鐘
加熱

鋪上烘焙紙，開始炒絞肉。↓

胡蘿蔔（用切片器切成絲）⅓根

小松菜（用廚房剪刀剪成2cm長）一束

豆芽菜 50g

將絞肉
推到一邊

中火 🔥🔥 **2~3** 分鐘
加熱

加入蔬菜 ↗

材料（2人份）

豬絞肉⋯150g、胡蘿蔔⋯⅓根、小松菜⋯一束、
豆芽菜⋯50g、米飯⋯350g、芝麻油⋯1小匙+½大匙
雞高湯粉⋯½小匙、鹽⋯少許、白芝麻⋯適量、
烤肉醬⋯½大匙、雞蛋⋯1顆、泡菜⋯50g（適量即可）、
韓國海苔片（依個人喜好）⋯適量

調理時間
15分鐘

芝麻油1小匙

雞高湯粉½小匙

鹽 少許

炒白芝麻 適量

烤肉醬½大匙

進行調味。↓

POINT
因為溫度很高，
小心不要燙傷！

關火，連同烘焙紙一起取出。→

芝麻油 ½ 大匙

米飯 350g

POINT
為了讓放在拌飯上的配料更容易受熱，所以先將米飯鋪平。

倒入芝麻油，加入米飯，↓

快速拋放
（用筷子也可以↓）

POINT
將石鍋拌飯的配料放在米飯上。要在中間留出放雞蛋的空間。

放上配料。↗

雞蛋 1顆

泡菜 50g（適量即可）

中火 **7** 分鐘
加熱

在中間打入雞蛋，蓋上蓋子加熱。↓

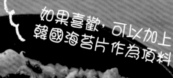

如果喜歡，可以加上
韓國海苔片作為頂料

吃之前
好好拌勻！

完成！

在盤子上作業的 簡易版蛋包飯

從烹飪到吃的瞬間，只要有一個盤子，一切都會順利進行的食譜。想要輕鬆時，這就是唯一的選擇。

只需一個盤子就能完成並直接食用，是極致其輕鬆的一道料理。對於製作蛋包飯有困難的人，只要將蛋皮摺起來就能做得相當不錯！

雞蛋 2顆
牛奶 1大匙
美乃滋 1小匙

POINT
使用邊緣較高的薄盤子，可以讓雞蛋的受熱更加均勻。

在耐熱盤子上鋪上保鮮膜，混合材料後，↓

不用保鮮膜

**微波爐加熱
1分20秒！**

POINT
為了避免加熱不均，請將雞蛋充分混合並攤平。

用微波爐加熱！↗

材料 （1人份）

雞蛋…2顆、火腿…2片、米飯…100g、牛奶…1大匙
美乃滋…1小匙、番茄醬…2小匙
高湯粉…½小匙、番茄醬…適量
青花菜（如果有的話）…3小朵、小番茄…1個

調理時間
10分鐘

POINT
雞蛋如果還是沒有完全
凝固，可依情況以每次
10秒的方式來加熱。

不用保鮮膜

微波爐加熱
1分30秒！

充分攪拌後，再用微波爐加熱↓

火腿（用廚房剪刀剪成細條）**2片**

這樣就會很輕鬆！
使用廚房剪刀就不
需要用到砧板和菜
刀了。只需盤子和
保鮮膜（還有微波
爐）就夠了。

因為蛋要摺疊
所以要將火腿
放在前面

將火腿剪成小塊後放在前面。→

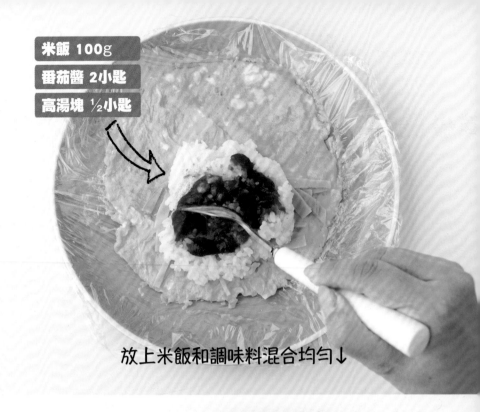

米飯 100g
番茄醬 2小匙
高湯塊 ½小匙

放上米飯和調味料混合均勻↓

POINT
不用用蛋包住米飯，只需簡單摺疊！這樣可以讓外觀看起來更美觀。

連保鮮膜一起捲！

將蛋摺成一半↑

一氣呵成！

POINT

將蛋包飯滑到盤子上。如果有食材溢出的話，用手「收納」也無妨。

拉出保鮮膜！↓

擠上番茄醬，如果有的話，還可以搭配青花菜和切半的小番茄

完成！

19

這是一個不用弄髒手，只需擠出混合物、用一個塑膠袋就能完成的食譜。

摺疊後
就完成的

雞肉丸子

使用保鮮膜和保鮮袋，不用弄髒手就能將雞肉丸子成形。只需簡單地摺疊，過程快速簡便！請搭配蛋黃享用。

雞胸絞肉 300g

青蔥（用廚房剪刀剪成細末）**⅓根（30g）**

金針菇（用廚房剪刀切成1㎝長）**1/3包（30g）**

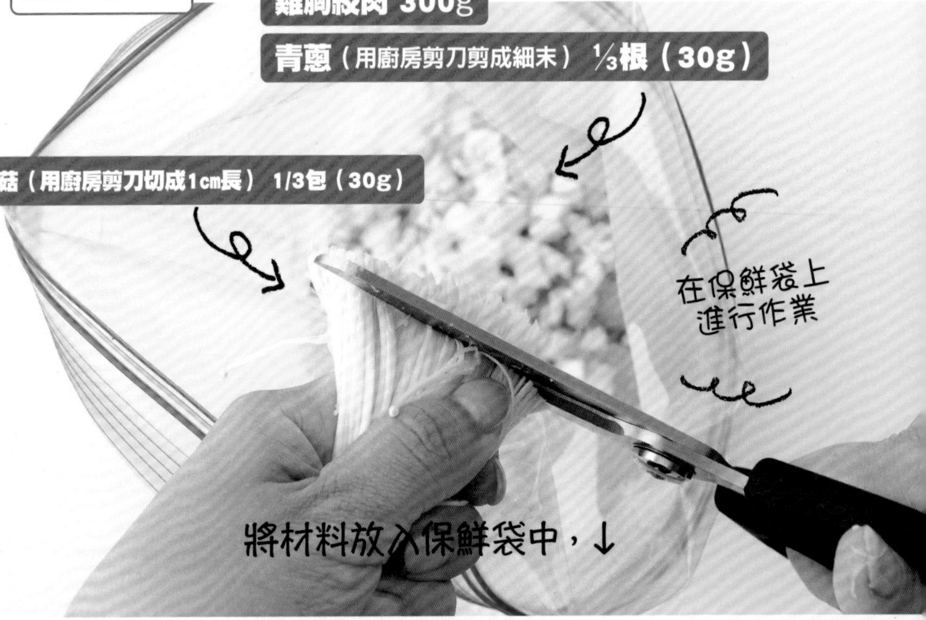

在保鮮袋上進行作業

將材料放入保鮮袋中，↓

雞蛋 1個

太白粉 1大匙

鹽 ¼小匙

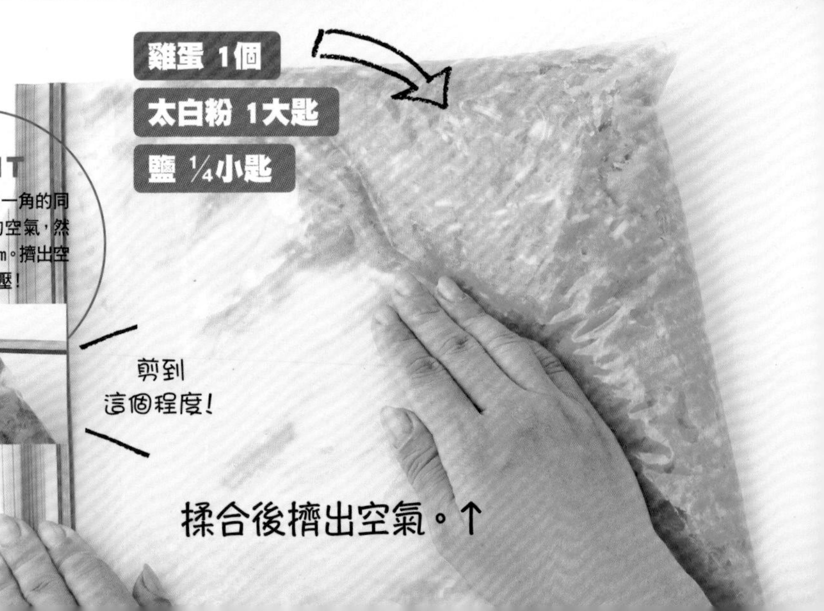

POINT

在將混合物推向一角的同時擠出袋子中的空氣，然後將一角剪掉1㎝。擠出空氣後會更容易擠壓！

剪到這個程度！

揉合後擠出空氣。↑

材料（2人份）

雞胸絞肉…300g、青蔥…⅓根（30g）、
金針菇…⅓包（30g）、雞蛋…1顆、太白粉…1大匙
鹽…¼小匙、紫蘇…8片、米酒…1大匙
醬油…1大匙、糖…1大匙、蛋黃…1個

調理時間
15分鐘

紫蘇 4片

保鮮膜要鋪長一點哦！

POINT
為了讓紫蘇在摺疊後
能正面朝上，這裏要
先背面朝上放置。

將紫蘇背面朝上排在保鮮膜上。↓

小心地
揉成一團

在紫蘇上擠出混合物填滿上半部→

摺疊後，輕輕從上面
壓住紫蘇。

POINT

拉著保鮮膜做摺疊的動作，這動作我們稱為「噗嚕」。邊做邊大聲說出來，料理的過程肯定會變得更加有趣。

拉起保鮮膜向前摺成一半（還要再做4個）。↓

蓋上蓋子

中火 ●● **3**分鐘
加熱 → 翻面

米酒 1大匙

燒出烤色後翻面，
然後灑上米酒！↑

醬油 1大匙

糖 1大匙

中火 3分鐘
煎煮

蓋上蓋子進行煎煮
再加入調味料混合均勻↓

加上蛋黃

完成！

書中出現的烹飪工具

要完成那些厲害的技巧絕對不可或缺的烹飪工具。
每一個都能幫助你縮短烹飪時間！

平底鍋

使用直徑24cm和20cm
的。輕便且設計簡單
是我的最愛。從食材
準備到加熱烹調都大
有用處。

廚房剪刀

從粉絲那裡學到的
貝印牌剪刀。因為刀
尖較長，所以即使是
剪厚一點的肉也能
輕鬆進行。

切片器

能快速完成切絲、
切片、薄切等耗時
的切割工作。

耐熱盤子

因為烹飪後會直接在
盤子上食用，所以要根
據料理的需要準備尺
寸較大或有一定深度
的盤子。也可以作為耐
熱碗的代替品。

保鮮袋・塑膠袋

擠壓絞肉時使用較厚的保鮮袋。醃漬
蔬菜則推薦更為經濟的塑膠袋。

烘焙紙

在平底鍋中攪拌食材或裏粉時使用。能夠最大限度減少盤子和平底鍋的髒污！

鋁箔紙

用於包裹食物或作為蓋子。作為蓋子加熱時，要注意不要讓鋁箔紙超出烹飪器具的邊緣。

平底鍋專用烘焙紙

用於需要鋪設烘焙紙後再進行加熱的食譜，書中使用的是耐熱溫度250℃的產品。

平底鍋專用鋁箔紙

在加熱主要食材的同時，順帶製作醬汁時會用到。使用前需先塑型。

夾子

在需要翻面或提起時非常方便。因為夾頭是矽膠製的，所以不會刮傷平底鍋！

保鮮膜

可作為砧板或壽司捲竹的替代品。使用完畢後可以直接丟棄，不會弄髒廚房。

切碎器

是種能節省切割食材時間的烹飪工具。書中用它來打發生奶油。

鍋鏟

沒有也行，但有會更方便。使翻面動作變得更加輕鬆。

這些調味料成了美味的祕訣

使用更容易凸顯食材風味的調味料，也是快速烹飪的關鍵。
介紹一下出場次數多，是我個人非常喜愛的調味料。

蠔油

適用於炒菜、燒賣、餃子、湯等料理，能增加菜餚的鮮味，讓料理更加美味。

雞高湯粒

顆粒型因為容易溶解且味道佳，所以一直都是我的首選。

白醬油

與蠔油齊名，被稱為「只要有這個就能變美味」的調味料。能使味道更加突出

市售咖哩塊

只需融化，比咖哩粉或液態調味料更容易調整味道。用廚房剪刀切碎，使其更容易融化。

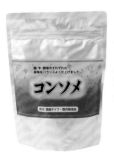

高湯粉

比顆粒型更易溶解的粉末型。也可以直接撒在食材上。

薑泥、蒜泥

不需要前處理，非常方便。不會弄髒手更是一大優點！

26

方便的食材

家裡永遠都會有的王牌食材。
當然，也可以用其他食材代替，但建議你試一試！

雞絞肉

價格便宜，對於肉類
料理來說不可或缺！
通常會用較為清淡的
雞胸肉。

各種菇類

健康且能增加份量，一舉兩得。可
以混入肉類料理或做成餡料使用。

起司條

雖然可以用披薩用起
司代替，但因為容易
填充在肉中，所以特別
推薦。即使加熱也不
容易流出。

海苔片

深受孩子們的喜愛，用
在韓式料理或湯品
中。需要增加風味時，
能立刻派上用場！

蟹味棒

為了充分享受蟹肉風味，會選擇稍
微貴一點的產品。吃起來就像在享
受真正的蟹肉一樣！

不需菜刀！ 蔬菜的切法

在書中，我們幾乎不使用砧板和菜刀。
這裡將介紹利用廚房剪刀來進行蔬菜前處理的方法。

粗碎（茄子）

先橫向剪幾刀，再縱向剪幾刀，從頂端開始橫向剪切。

細碎（蔥）

1

像十字形那樣，縱向和橫向各剪一刀。

2

從頂端開始橫向剪切。

細碎（香菇）

1

去掉蒂頭，仔細地剪切。

2

菌傘則橫向剪幾刀。

3

從邊緣開始縱向剪切，剩下的一半也以同樣方式進行。

去籽（青椒）

按壓青椒頂部使其破裂，再將帶籽的頂部拉出。

隨意切（青椒）

縱向等間隔剪入五刀，邊轉動邊斜向剪切。

斜切（蔥）

從末端開始稍微斜向剪下，再大幅度地斜向剪切。

減少洗碗的技巧

讓料理後的清理變輕鬆，才能實現爆速料理的精神。
這裡整理了如何減少洗碗量的技巧。

✗ 使用碗或盤子

托盤、塑膠袋

平底鍋

用盤子代替！

隨著料理步驟的增多，
洗碗量也要盡量地跟著
減少，這樣才能讓烹調
變得簡單輕鬆。

✗ 砧板 ➡ 用保鮮膜或平底鍋
用盤子代替！

準備工作就在保鮮膜上或是平底鍋、盤子上進行，
這樣就能減少洗碗這個步驟！

✗ 壓泥器
⬇
用保鮮膜&毛巾代替！

不需要壓泥器，只要用手
壓碎就可以了，作業時間也
會因此而縮短。

本書的使用方法

我們總結了本書的使用方法，在開始烹飪前請先了解一下。

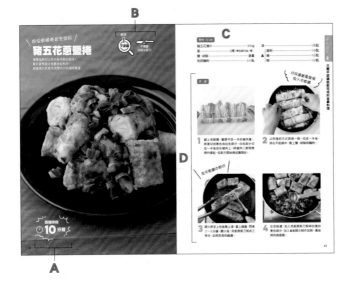

A 作業‧調理時間

從開始烹飪到料理完成的所需時間，或是進行相關作業的所需時間。

B 圖標

顯示適用的4大絕技和3種調理技。

C 材料

以2個成人份量為基準。如果想要製作更多，請按比例調整。

D 製作方法

以圖片方式介紹製作的步驟。

4大絕技

絕技1 平底鍋
從食材準備、裹上麵衣到烹調，只使用平底鍋來完成的食譜。

絕技3 只用盤子
使用烘焙紙來降低洗碗量的食譜。

絕技2 烘焙紙
從烹調到上菜，一個盤子就能搞定的食譜。

絕技4 袋子

揉肉、擠出肉丸、準備蔬菜時，盡量不弄髒手的食譜。

調理技

不需要砧板&菜刀
使用廚房剪刀和保鮮膜，無需使用砧板、菜刀的食譜。

鋁箔紙
使用鋁箔紙來減輕洗碗負擔的食譜。

微波爐
僅使用微波爐進行烹調的食譜。因為可以放著不管，所以能節省時間。

食譜的規則

～ 1大匙為15㎖，1小匙為5㎖。
～ 部分省略食材清洗、去皮、去籽等步驟，請根據需要來進行。
～ 若沒有特別標示，蔬菜使用的是中等大小。
～ 甜麵醬使用3倍濃縮的產品。
～ 湯粉使用粉末型高湯粉。
～ 書中所使用的電子爐是600W的。若是500W，則加熱時間為1.2倍；700W的為0.8倍。烤箱為1300W。
～ 若無特別標示，火力為中火。
～ 加熱時間僅供參考。由於機型和環境不同，加熱時間可能略有差異，請視情況做調整。

PART 1

收集了深受好評的
人氣食譜！

我在Instagram和TikTok上介紹的食譜
深受粉絲們的好評。
這些食譜都很簡單，一旦試過
就很難再回到傳統的烹飪方式了！
相信這一定能讓你的每日烹調變得更加有趣。

名正言順的
第1名

絕技
1
平底鍋

絕技
2
烘焙紙

不需要
砧板&菜刀

> **REAL VOICE**
> 最後突然變成燒賣，讓人感動！
> 這是天才嗎？

> **REAL VOICE**
> 烘焙紙居然可以這樣用，
> 我要立刻試試看！

一定要吃吃看

香菇燒賣

穩居第一！完成後是一大塊肉，可以用夾子或翻鍋鏟移到碟子上。
最後切開，無論怎麼看都是燒賣。

作業時間
🕐 **7分鐘**

材料（2人份）

豬絞肉	·············	350g
香菇	·············	12朵
雲吞皮	·············	8～12張
毛豆仁（冷凍）	·············	12顆
高麗菜	·············	4張（160g）
A	醬油 ·············	1大匙
	米酒 ·············	1大匙
	蠔油 ·············	½大匙
	糖 ·············	1小匙
	鹽 ·············	¼小匙
水	·············	150㎖

圓滾滾的東西
裝起來比較容易

2 將香菇排列整齊，輕輕按壓使其嵌入。

作法

1 將切碎的香菇蒂頭放入絞肉中，加入**A**
攪拌均勻後壓平。

3 在平底鍋中鋪上烹飪用的烘焙紙，將**2**
倒扣（香菇朝下，絞肉朝上）。

4 用雲吞皮蓋住肉餡，中間放上毛豆，周圍
再加入手撕的高麗菜。

燒賣皮就算是大一點也可以
比較容易擺放。

剪好後，放進嘴裡
就變成燒賣了。

5 在烘焙紙外側倒入水，蓋上蓋子，蒸煮
15～20分鐘。之後，將高麗菜盛盤，再放
上燒賣，最後用廚房剪刀剪開。

惜敗的
第**2**名

不會弄髒平底鍋
鮪魚派

要在平底鍋中捲好蛋捲那幾乎全靠運氣,簡易版蛋包飯(p.16)也一樣。
但如果是用烘焙紙,那百分之百成功!
為了方便剝離,可以在紙上抹油。

REAL VOICE
這是烘焙紙的魔法嗎?
這種煎法太棒了!

REAL VOICE
「零」洗碗!這簡直是太突破!

調理時間
⏱ **10**分鐘

絕技
1
平底鍋

絕技
2
烘焙紙

✕
不需要
砧板&菜刀

材料（1人份）

雞蛋···2顆
高麗菜·····························⅛個（100g）
鮪魚（水煮罐頭）······················1罐（70g）
天婦羅花···1大匙
披薩用起司·····································50g

沙拉油·····································½大匙
鹽···適量
A 中濃醬、美乃滋、鰹魚片、
海苔、七味粉（或紅薑）··············適量

作法

1　在平底鍋中鋪上專用烘焙紙，淋上少許
沙拉油。打入雞蛋，攪拌均勻後加熱，待
表面變平坦後關火。

也可以加入泡菜，
味道也很不錯！

2　高麗菜用切片器切成絲，放在一邊，放上
瀝乾的鮪魚，撒上天婦羅花、起司和鹽。

小心！別燙傷了！

3　將烘焙紙對摺後放回火上，繼續加熱約
3分鐘。

4　將**3**翻面後，繼續加熱約1分鐘。之後，
提起整個烘焙紙放在盤子上，撕下紙張，
加入**A**。

甜辣雞肉鑲起司

這款可愛的甜辣起司內餡串燒排名第三，圓圓的形狀也很迷人。
到底起司會流出來還是不會呢？請別忘了在焗的時候感受一下
緊張刺激的心情（笑）。

絕技
1
平底鍋

不需要
砧板＆菜刀

REAL VOICE
這個主意真是太出色了！非常具有參考價值。

REAL VOICE
這種將起司條嵌入的技巧真是厲害！
我會立刻試試看！

作業時間
10 分鐘

材料（2人份）

雞胸肉	8條
起司條	1½條
太白粉	1½大匙

A	醬油	1½大匙
	糖	1½大匙
	韓國辣醬	1大匙

沙拉油	3大匙
白芝麻	適量

作 法

關鍵是要從要垂直切開

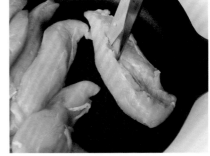

1 將雞腿肉放入平底鍋中，用廚房剪刀去筋，並在中央剪一刀（不要切到底）。

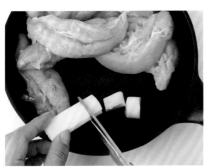

2 將起司條切成1cm厚。

在開口處剪

3 將第2個切口放入第1個，捏成圓形，將封口朝下排列。

如果用的是起司條流出來的量就不會那麼多

4 撒上太白粉，均勻覆蓋全體，並在間隙中加入沙拉油，開火加熱。

5 將食材煮熟後，用廚房紙巾吸走多餘的油，加入拌勻的**A**。盛盤，撒上芝麻。

不用切碎！
不用包的餃子

這是一種創新的棒餃子，省去了切碎蔬菜和包餡的步驟。
每次擺放的餃子皮數量可根據操作台的大小而定。
如果想要吃超過10個的人，可以試著加倍做！

實至名歸的
第 **4** 名

作業時間
⏱ **10** 分鐘

REAL VOICE
這一擠的動作太出色了！
真是神乎其技。

REAL VOICE
這個包餃子方法真是太棒了！
太輕鬆了。

絕技
1
🔍 平底鍋

絕技
4
袋子

不需要
砧板&菜刀

材料（2人份）

雞絞肉	150g
高麗菜（切絲）	35g
蔥	⅙條（15g）
金針菇	⅕袋（20g）
餃子皮	10張

A		
	蠔油	½大匙
	醬油	½大匙
	雞高湯粉	½小匙
	薑泥	½小匙
	鹽少許	
沙拉油		½大匙
水		2大匙

作 法

1 將絞肉和高麗菜放入保鮮袋中，用廚房剪刀將蔥剪碎，將金針菇剪成1～5cm長。加入**A**後揉成團，將袋子中的空氣擠出，剪掉一個角約1cm。

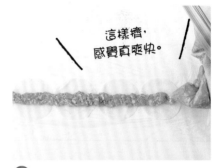

這樣擠，感覺真爽快。

2 在長長的保鮮膜上鋪平，將10張餃子皮排成一排，從皮的一端擠入餡料的一半至另一端。

這樣就可以一次做出５個!

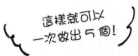

3 拿著保鮮膜的前端，在皮的上半部沾水，從後往前摺以包住餡料。打開保鮮膜，分成５份排在平底鍋中。重複製作剩下的部分。

4 加入沙拉油，加熱約2分鐘。當表面呈現焦色時，加入水，蓋上鍋蓋，蒸煮約5分鐘。移開鍋蓋繼續加熱蒸乾水分。

\ 排成一列捲起來 /

紫蘇豬排捲

必然的
第 **5** 名

晚餐上的炸物總是很受歡迎。雖然做起來有點麻煩,但只要有張烘焙紙就可以搞定了!不需要使用盆子來裹麵糊,所有的手續都可以在平底鍋中完成!

絕技 **1** 平底鍋

絕技 **2** 烘焙紙

不需要
砧板&菜刀

REAL VOICE
節能!無浪費!在平底鍋中
準備食材也挺不錯的!

REAL VOICE
真想做做看!馬上去買食材!

調理時間
20分鐘

材料（2人份）

豬里肌肉片	360g
紫蘇	9片
起司片	3片
低筋麵粉	1大匙
雞蛋	1顆
麵包粉	50g
沙拉油	100㎖

作法

1 準備一張長的保鮮膜，疊上⅓的豬肉。放上3片紫蘇，和撕成3份的起司片。

2 將豬肉的左右兩側稍微向內摺，開始網上捲起。再製作另外2根。

在取出時，要盡量避免讓蛋液流出！

3 在平底鍋中鋪上烘焙紙，放入**2**。均勻地撒上低筋麵粉，倒入打散的蛋液，當肉的表面沾滿蛋液後抽掉烘焙紙。

4 撒上麵包粉。

將麵包粉均勻地裹在肉上

5 倒入沙拉油，進行煎炸。盛盤後，用廚房剪刀剪成容易入口的大小。

穩妥的
第 **6** 名

REAL VOICE
洗碗少得太誇張了！
太棒了。

REAL VOICE
製作方法非常聰明。
看起來簡單又美味！

＼ 將肉醬也放入微波爐 ／

肉醬麵

我將這個烹飪法命名為「絕招！重疊微波法」。
使用烘焙紙來包裹醬料，因為最後要一起食用，
即使滴在麵條上也沒關係。

調理時間
⏱ **10** 分鐘

42

材料 （1人份）

炒麵	1包
豬絞肉	100g
香菇	1個
蔥	⅙根(15g)
小黃瓜	⅙條(15g)

A		
	醬油	1大匙
	米酒	1大匙
	甜麵醬 (或味噌)	½大匙
	太白粉	2小匙
	砂糖	1小匙
	雞湯粉	½小匙

水	100㎖
青蔥絲	適量
麻油	½小匙

作法

1 將炒麵的袋口剪開，放入微波爐加熱20秒後倒入耐熱盤子，加1大匙水（不計入配料），拌勻。

小心混合
以免弄破烘焙紙

2 在1上鋪上烘焙紙，放入豬絞肉，將香菇和蔥切碎後加入。加入A拌勻壓平。

3 倒入水，充分攪拌後蓋上保鮮膜放入微波爐加熱約3分鐘。取出後充分攪拌，蓋上保鮮膜，再加熱約2分鐘。

4 取下保鮮膜，抽掉烘焙紙，將所有配料倒在麵上。放上切絲的小黃瓜和適量的青蔥絲，淋上麻油。

REAL VOICE
這是為了喜歡茄子的我而設計的
食譜！真是太好吃了！

REAL VOICE
如何使用保鮮袋！
擠出的感覺很舒服！

最終結果是
第**7**名

\ 不會弄髒手 /
茄子夾炸

夾炸茄子通常會將茄子切成圓片，再夾入餡料。
如果用保鮮袋來擠餡料，就會變得很簡單！

絕技
1
平底鍋

絕技
4
袋子

材料（2人份）

雞絞肉……………………………200g
蔥………………………………⅙根（15g）
紫蘇………………………………4片
茄子………………………………3個
鹽…………………………………適量
醬油………………………………1大匙
低筋麵粉…………………………1大匙
沙拉油……………………………4大匙
甜麵醬……………………………適量

作 法

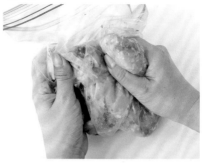

1 將肉放入保鮮袋中，加入用廚房剪刀剪碎的蔥和紫蘇、鹽和醬油，充分揉搓後擠出袋中的空氣，剪掉一個角約1cm。

2 在茄子中間縱向切一刀。

啾啾啾～

3 將1擠入切口後，放進平底鍋中。

4 撒上低筋麵粉。

5 倒入沙拉油煎至金黃色。翻面繼續煎直到熟透。盛盤，搭配甜麵醬享用。

雖然是
第**8**名

REAL VOICE
這麼簡單就可以做煎餅！
一定要試試看！

REAL VOICE
不用水或蛋就可以做嗎？
蔬菜豐富最棒了！

\只需切成片/
馬鈴薯煎餅

將太白粉充分混合並慢慢加熱是關鍵！
外脆內Q的口感令人難以抗拒。

作業時間
🕐 **10** 分鐘

絕技
1
🔍 平底鍋

不需要
砧板&菜刀

46

材料（2人份）

馬鈴薯	1個半
花蛤（冷凍）	50g
韭菜	1束
胡蘿蔔	¼條（50g）
蝦仁	3隻

A		
	雞高湯粒	½小匙
	太白粉	1大匙
	鹽	適量

麻油	½大匙

《醬汁》

柚子醋醬油	1大匙
砂糖	1小匙
麻油	½小匙
白芝麻	¼小匙
辣椒醬（按喜好添加）	適量

作法

1 將馬鈴薯連皮切成薄片，放入平底鍋中用廚房紙巾擦乾水分。

2 加入花蛤、用廚房剪刀切成3cm寬的韭菜，和切絲的胡蘿蔔，蝦仁則切成1cm大小後加入。

繞著圈倒入

3 加入**A**並充分攪拌。倒入芝麻油，加熱4～5分鐘。

將盤子放在食物上翻面就變簡單了！

4 將盤子放在食物上，倒扣翻面後再放回平底鍋，悶煮4～5分鐘。盛盤後，用廚房剪刀切成易食的大小。搭配混合好的醬汁食用。

葛絲韓式冷麵

 微波爐　 鋁箔紙

將有嚼勁的葛絲做成涼麵風格。加入冰塊，冷藏後更加美味。
不只是冬天的火鍋料理，葛絲也能在夏天時大展身手，請多加利用。

不經意的
第 9 名

REAL VOICE
微波爐居然也可以煮蛋，
真是太令人驚訝了！

REAL VOICE
超快完成的，真是太厲害了！
真有才華。

作業時間

5 分鐘

材料（1人份）

葛絲	·························	80g
雞蛋	·························	1顆
雞胸肉	·························	1條
泡菜	·························	50g
小黃瓜	·················	⅓條（30g）
熱水	·························	500㎖

	白味噌	··················	1½大匙
	雞高湯粒	··················	1小匙
A	糖	··················	½小匙
	蠔油	··················	½小匙
	水	··················	150㎖

白芝麻	·························	適量
醋（按喜好添加）	·················	適量

作法

如果浸泡就很安全

無需鍋子ㄥ一

1 將蛋用鋁箔紙包好，放入耐熱的馬克杯中，倒入足以淹過雞蛋的水，蓋上保鮮膜後放入微波爐加熱約9分鐘，取出放涼後就可以剝殼了。

2 將葛絲和雞胸肉放入耐熱碗中，倒入熱水，蓋上保鮮膜，放入微波爐加熱約5分鐘。取出瀝乾後用冷水過一遍。

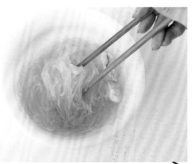

3 將混合均勻的**A**倒入**2**的碗中，再放入過完冷水的葛絲。

無需鍋子ㄥ二

4 放上泡菜和切絲的小黃瓜，雞肉撕成易食的大小，再將**1**的雞蛋切半放上，撒上芝麻，依口味淋上醋。

\油炸素麵/

豬肉海鮮蔬菜麵

接下來是剩餘的素麵再利用術。
處理中午剩下的素麵是母親的責任嗎?
這樣做就能讓晚餐變美味
讓大家都開心!

絕技
1
平底鍋

微波爐

不需要
砧板&菜刀

REAL VOICE
這是素麵,但感覺不像素麵!
(在好的意義上)

REAL VOICE
確實,家裡也有剩下的素麵。讓我來試試看!

作業時間
5 分鐘

50

材料（1～2人份）

素麵·····························2捆份
蝦仁（冷凍）······················4尾
花蛤（冷凍）······················30g
高麗菜·························1片(40g)
豬肉片···························80g
玉米（罐頭）······················20g

A
白味噌·····················1½大匙
太白粉·······················1大匙
雞高湯粒······················1小匙
糖···························1小匙
鹽···························適量
水·························200mℓ

油···························200mℓ

作 法

漂亮的烤色～

1 用170度的油炸約10分鐘，當顏色變化時將素麵翻面，再繼續炸約5分鐘至酥脆，撈起瀝乾後移到盤子上。

2 將蝦仁和花蛤放入耐熱碗中。高麗菜撕成一口大小，豬肉用廚房剪刀剪成容易吃的大小。

3 倒入瀝乾的玉米和**A**，混合均勻。

照片是第一次
加熱後

4 蓋好保鮮膜，放入微波爐加熱約2分鐘。取出攪拌後，再次蓋上保鮮膜，加熱2分鐘後取出，均勻攪拌後倒在**1**上。

COLUMN 1
Oyone小姐 Q&A

我回答了關於爆速食譜的誕生和日常烹飪的問題！
輕鬆、有趣，請閱讀一下。

Q. 您是如何創造出快速食譜的？

A. 因為我粗枝大葉、急躁、大略……對傳統方法抱持著懷疑的態度，想要嘗試不同的方法。簡單來說，就是出於一種反叛精神（笑）。如果您能將其視為「合理的簡化」，我會很高興（笑）。

Q. 為什麼您會喜歡烹飪？

A. 或許是因為家人從未說過我的菜不好吃吧。大概在15歲時，我試著挑戰自己，做了紅酒雞肉燴。雖然成品看起來很悲慘（笑），但那時父母邊吃邊淡淡地說著：「嗯，很有特色，還算可以」，這讓我覺得自己似乎還能持續愛著烹飪。現在，丈夫和女兒都很期待我做的飯菜，這成了我每天努力不懈的動力（4歲的兒子正處於挑食期）。

Q. 您是如何購買食材的？

A. 我每兩天會去一次超市，不太會囤積食材。畢竟，我喜歡當天才決定要吃什麼（雖然這聽起來很酷，但我其實沒什麼計劃性）。

Q. 您最喜歡的廚房用具是什麼？

A. 紙袋和廚房剪刀！我對於發掘它們的無限可能性非常癡迷。

Q. 晚餐您通常都做幾道菜？

A. 主菜1～2道，湯品1道，配菜1道，總共約4道！當我一點也提不起勁時會選擇「隨便來一碗大的，請原諒」。畢竟是人嘛……也是需要休息的。

Q. 能告訴我您最拿手的料理是什麼嗎？

A. 炸物是我的拿手菜。因為喜歡吃，所以常常做，其中特別自信的是香辣雞翅（P.89），是受人讚賞的拿手菜！

只需平底鍋
就能完成的

省事料理

只要有平底鍋,不需要碗或盤子了。
不僅減輕了洗碗的負擔,還能一口氣完成烹調過程。
我收集了許多讓人想一做再做的
料理食譜。

不會失敗！
平底鍋烤牛肉

派對上的亮點料理，只用一個平底鍋就可以完成。
看起來難度有點高，但實際上只需要5分鐘！

絕技
1
平底鍋

鋁箔紙

作業時間
5 分鐘

材料（2人份）

牛腿肉塊		350g
A	蒜泥	1大匙
	薑泥	1大匙
	鹽	1小匙
	胡椒	少許

紅酒	200㎖
萵苣（如果有的話）	2片
檸檬（如果有的話）	¼個

作 法

抹得像這樣

1 將牛肉放在室溫下，用叉子在表面刺幾個洞，塗上**A**，靜置10分鐘以上。

2 將**1**放入預熱的平底鍋中，煎至表面上色。

平底鍋上蓋上鋁箔紙

拿用過的鋁箔紙再利用（得意洋洋的表情）

3 倒入一半的紅酒，蓋上鋁箔蓋子加熱約4分鐘。將肉塊翻面，倒入剩餘的紅酒，蓋上鋁箔紙再加熱約4分鐘。

4 **3**的錫箔包裹牛肉，靜置10分鐘以上。可在盤子上鋪上萵苣，將牛肉切成薄片後裝盤，也可以擺上切成楔形的檸檬。

在平底鍋中完成！

絕品豬排

讓我們在平底鍋裡處理所有的切肉和粉撒工作吧！
由於加熱時肉會收縮，所以要切一些切口。
這是道讓人垂涎欲滴、口感強烈的料理，讓人胃口大開。

調理時間
🕐 **10** 分鐘

絕技
1
平底鍋

不需要
砧板＆菜刀

材料（2人份）

豬肩肉	2片
鹽、胡椒	各少許
低筋麵粉	2小匙
大蒜	1瓣
沙拉油	½大匙
米酒	2小匙

A		
	蠔油	1大匙
	中濃醬	½大匙
	糖	½小匙
萵苣（如果有的話）		4片
番茄（如果有的話）		1個

作法

將油淋向大蒜！

1 將豬肉放入平底鍋中，用廚房剪刀去筋，並在前半部切一刀。

2 加入鹽、胡椒，撒上低筋麵粉。加入大蒜，淋上沙拉油後開火加熱。

3 當雙面都上色後，用廚房紙巾擦去多餘的油，灑上米酒，蓋上蓋子，繼續煎2～3分鐘。

4 加入A，待汁液收至稍有黏稠感。如果有的話可在盤子上鋪上萵苣，盛裝豬排，也可以擺上切好的番茄。

\ 不用炸！/

糖醋豬肉丸子

不使用標準的胡蘿蔔和洋蔥，
而是使用烹煮時間較短的蔬菜。
製作難度也會降低。
因為醬汁比較多，很適合配飯。

作業時間
10分鐘

材料（2人份）

豬肉片	250g
豆芽菜	70g
青椒	1個
鹽	少許
太白粉	2小匙
沙拉油	2大匙

A		
	醋	3大匙
	醬油	3大匙
	砂糖	3大匙
	番茄醬	2大匙
	水	100㎖

太白粉水（2小匙太白粉＋1大匙水）

作 法

1 將豬肉放入平底鍋中，加入鹽，捏成一口大小的肉丸。

2 撒上太白粉，加入沙拉油，開火加熱。

3 上色後，關火，用廚房紙巾擦去多餘的油。加入豆芽和用廚房剪刀隨意切碎的青椒，中火加熱煮熟。

4 加入**A**，煮沸後加入太白粉水，攪拌至濃稠。

\捲起來就可以了╱

豬肉春捲

從做餡料到包裹，製作方式雖然有些偏離傳統，
但卻簡單到讓你想一試再試。
一旦放入口中，吃起來就像是正宗的春捲！

絕技
1
平底鍋

不需要
砧板＆菜刀

作業時間
🕐 **10** 分鐘

材料（2人份）

豬肉片··············200g	
春捲皮··············5張	A 醬油··············1大匙
胡蘿蔔··········1⁄3條(65g)	蠔油··············1大匙
韭菜··············7〜8根	糖··············1小匙
	沙拉油··············3大匙

作法

直接就在托盤中調味

1 將**A**加入豬肉中並拌勻。

2 在長長的保鮮膜上鋪上春捲皮。用削皮器將胡蘿蔔切成薄片,用廚房剪刀將韭菜切成3㎝寬。

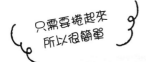
只需要捲起來 所以很簡單

3 將**1**鋪平後,從前方開始捲起。用手沾水,將捲尾固定。再另外製作4捲。

按順序 炸至金黃色

4 將捲好的**3**放在平底鍋中,用水沾黏的部位朝下,淋上沙拉油開始煎炸。

豬五花蔥鹽捲

用保鮮膜捲起來就好

絕技
1 平底鍋

不需要
砧板&菜刀

慢慢加熱可以充分展現蔥的甜味。
蔥的青色部分也要多加利用。
根據蔥的長度來調整肉片的鋪排數量。

調理時間
⏱ **10**分鐘

材料（2人份）

豬五花薄片	300g
蔥	2棵（青色部分為1棵）
鹽、胡椒	適量
低筋麵粉	2小匙

米酒		1大匙
	雞粉	1小匙
A	糖	1小匙
	醋	1小匙

作法

1 鋪上保鮮膜，攤開平放一半的豬肉量。將蔥切成青色和白色部分，白色部分切成一半後放在豬肉上。將豬肉二側稍微想內摺起，從前方開始捲成圓筒狀。

切成適當長度後放入平底鍋

2 以同樣的方式再做一根。切成一半後，排在平底鍋中，撒上鹽、胡椒和麵粉。

在平底鍋中剪切

3 開火煎至上色後撒上米酒，蓋上鍋蓋，燜煮2～3分鐘。關火後，用廚房剪刀剪成三等份，並將其推到鍋邊。

4 在空隙處，加入用廚房剪刀剪碎的蔥的青色部分，加入A後開火稍作加熱。最後將肉捲盛盤。

\ 鋁箔紙萬能 /

餐廳風
咖哩漢堡排

作業時間
10 分鐘

使用鋁箔紙在漢堡排旁邊製作咖哩醬。
這道料理滿足了同時享用咖哩和漢堡排的奢侈心願（對懂的人來說，這是那家店風格）。

材料（2人份）

混合絞肉……………………300g
雞蛋………………………………1顆
A 　麵包粉…………………1大匙
　　醬油……………………½大匙
　　鹽、胡椒……………各少許
米飯………………………………適量

《咖哩醬》

　絞肉……………………………50g
　咖哩塊…………………………2塊
　水…………………………200㎖
切絲的蔬菜（如有現成的）……………適量
小蕃茄（如果有的話）……………………適量

作法

1 將絞肉放入平底鍋中，打入雞蛋。加入 **A**，充分揉捏後分成2份。

2 揉成飯糰形狀後排在平底鍋上。在空出的地方放上鋁箔紙做成的容器，放入咖哩醬用的絞肉，加熱時要攪拌炒熟。

細切的話
會融化得更快！

3 漢堡排熱後就翻面，在**2**的鋁箔容器中加入用廚房剪刀剪碎的咖哩塊。

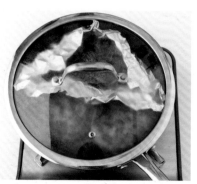

4 蓋上鍋蓋，加熱2～3分鐘。取下蓋子，稍做攪拌後再加熱1～2分鐘以收乾醬汁。將飯和漢堡排盛盤，淋上咖哩醬，可搭配蔬菜和小番茄一起享用。

將絞肉放進油炸豆皮裡！

漢堡肉福袋

漢堡排的形狀和荷包蛋等配料全部交給油炸豆皮處理。
即使蛋白流出來也不用擔心！進到肚子裡後都一樣。

絕技 1 平底鍋

絕技 4 袋子

不需要
砧板&菜刀

作業時間
10 分鐘

材料（2人份）

油炸豆皮	2片	高麗菜	1～2片（60g）
雞蛋	2顆	鹽、胡椒	適量
豬絞肉	200g（也可以使用雞絞肉）	A 番茄（罐頭，切塊）	100g
胡蘿蔔	⅙根（30g）	番茄醬	2大匙
鴻喜菇	⅓包（40g）	高湯粉	1小匙
		水	200㎖

作法

即使蛋白流出來也沒關係！

1 將油炸豆皮的短邊用手撕開，做成口袋。在平底鍋上將蛋倒入油炸豆皮中。

將一半的絞肉塞進油炸豆皮中

2 將絞肉、鹽和胡椒放入保鮮袋中搓揉，擠出袋中的空氣後切開一角約1cm。將混合物擠入油炸豆皮，並將口部向後摺。

不需要針線只要摺好即可

3 將摺疊的那面朝下放進平底鍋中加熱。兩面上色後，將摺疊的那面朝下，加入A。加入用削皮刀削成薄片的胡蘿蔔，用手撕開的鴻喜菇，一口大小的高麗菜。

4 蓋上蓋子，煮約10分鐘。

番茄醬雞排

因為個性太過急躁了，所以我試著同時烹調雞排和醬汁。
因為平底鍋幾乎不會弄髒，所以洗碗也很輕鬆！
請享受雞排的脆皮口感。

調理時間
15分鐘

絕技
1
平底鍋

不需要
砧板&菜刀

鋁箔紙

材料 （2人份）

雞腿肉······································2片
鹽、胡椒································各少許

〈番茄醬〉

番茄（罐頭，切塊）·····················100g
鴻喜菇····································50g
大蒜·······································1瓣
高湯粉··································1小匙
橄欖油··································1小匙
砂糖·······································半小匙

作法

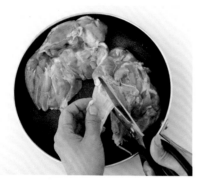

1 將雞肉放入平底鍋，用廚房剪刀去除多餘的脂肪和筋，並在幾個地方剪幾刀。

2 兩面撒上鹽和胡椒，皮朝下開火加熱。

3 將皮煎至酥脆後翻面。關火，將雞肉推到一邊，用鋁箔紙做成容器，倒入番茄醬中的大蒜和橄欖油，再次加熱。

4 當香味散發出來時，加入除了鴻喜菇以外的其餘番茄醬材料，加熱約2分鐘。冒出泡泡時，加入撕碎的鴻喜菇，輕輕攪拌煮至收汁，蓋上蓋子再加熱2分鐘。將雞排盛盤，淋上番茄醬。

全都放進平底鍋

蘿蔔泥燉雞

即使是費時的混煮，也只用一支平底鍋完成。
帶有一絲懷舊感，讓人感到安心。
不要擠壓磨碎的白蘿蔔泥。

絕技
1
平底鍋

不需要
砧板＆菜刀

調理時間
20分鐘

70

材料 (2人份)

雞腿肉	2片
茄子	1個
小青椒	4根
白蘿蔔	200g
鹽	少許
太白粉	2大匙

	沙拉油	3大匙
A	甜麵醬	1½大匙
	米酒	1大匙
	薑泥	½小匙
	水	50㎖

作法

1 將雞肉放入平底鍋中，用廚房剪刀去除多餘的脂肪和筋，撒上鹽稍微醃製。用廚房紙巾擦乾雞肉上釋出的水分。加入切成不規則的塊狀茄子。

2 將太白粉均勻撒在雞肉上，雞皮朝下放置。倒入沙拉油，將雞肉煎至金黃。

將茄子移到肉的上方以防燒焦

3 將雞肉翻面後，加入小青椒。關火，如果有多餘的油就用廚房紙巾擦乾。加入白蘿蔔泥。

4 開火加熱，加入**A**並攪拌，煮約1分鐘。

平底鍋中的辣椒雞

比辣椒蝦更豐富，簡單又適合當作主食，
也可以直接放在飯上，做成雞肉辣椒丼。

絕技
平底鍋

不需要
砧板＆菜刀

調理時間
🕐 **10** 分鐘

材料（2人份）

雞腿肉⋯⋯⋯⋯⋯⋯⋯⋯⋯⋯⋯⋯250g
雞蛋⋯⋯⋯⋯⋯⋯⋯⋯⋯⋯⋯⋯2顆
鹽⋯⋯⋯⋯⋯⋯⋯⋯⋯⋯⋯⋯⋯少許
太白粉⋯⋯⋯⋯⋯⋯⋯⋯⋯⋯1大匙
沙拉油⋯⋯⋯⋯⋯⋯⋯⋯⋯⋯2大匙

〈辣椒醬〉

番茄醬⋯⋯⋯⋯⋯⋯⋯⋯⋯2大匙
米酒⋯⋯⋯⋯⋯⋯⋯⋯⋯⋯1大匙
砂糖⋯⋯⋯⋯⋯⋯⋯⋯⋯⋯2小匙
雞湯粉⋯⋯⋯⋯⋯⋯⋯⋯⋯1小匙
太白粉⋯⋯⋯⋯⋯⋯⋯⋯⋯1小匙
醬油⋯⋯⋯⋯⋯⋯⋯⋯⋯⋯1小匙
蒜泥⋯⋯⋯⋯⋯⋯⋯⋯⋯⋯¼小匙
薑泥⋯⋯⋯⋯⋯⋯⋯⋯⋯⋯¼小匙
水⋯⋯⋯⋯⋯⋯⋯⋯⋯⋯⋯50mℓ
蔥花⋯⋯⋯⋯⋯⋯⋯⋯⋯⋯⋯適量

作法

所有預處理都在平底鍋中進行

1 將雞肉放入平底鍋中，用廚房剪刀去除多餘的脂肪和筋，切成一口大小。撒上鹽稍微醃製。用廚房紙巾擦乾雞肉上的水分，再撒上太白粉。

2 倒入沙拉油，將雞肉煎至金黃。關火，用廚房紙巾擦去多餘的油脂。

3 將雞肉推到一邊，打入雞蛋並在空隙中攪拌。

不需要碗

4 繼續加熱直到蛋開始凝固時輕輕攪拌，倒入混合好的辣椒醬材料。持續攪拌讓所有材料均勻混合、逐漸收乾。起鍋盛盤，撒上切碎的蔥末。

只要擺上去就OK了

炸蓮藕

將蓮藕一口氣全切成圓片，試著像拼拼圖一樣來排列。
可以根據喜好來添加鹽或甜麵醬。

絕技

1 平底鍋

調理時間
17 分鐘

材料（2人份）

蓮藕·····································250g

雞絞肉·································400g

太白粉···················2小匙＋2小匙＋1大匙

A
| 太白粉·····························1大匙
| 醬油·······························1大匙
| 米酒·······························1大匙
| 薑泥·······························1小匙
| 鹽·································少許

沙拉油·································2大匙

鹽、甜麵醬（根據喜好添加）·················適量

檸檬（如果有的話）·······················1個

作法

1 蓮藕留皮，切成5cm厚的圓片。將一半的量放進平底鍋（用手將蓮藕片填滿），撒上2小匙的太白粉。

2 將肉和**A**混合攪拌後，鋪壓在蓮藕上，使其變平。將肉整形成貼合蓮藕的形狀。

3 在肉的表面撒上2小匙的太白粉，拌勻後，將剩下的蓮藕放在上面，用手輕輕按壓使其黏合。在表面撒上1大匙的太白粉。

用力切開！

4 倒入沙拉油，開火煎至金黃。關火後，沿著蓮藕邊緣用鍋鏟將其翻面。盛盤後根據個人口味撒上鹽和甜麵醬，還可以擺上切成扇形的檸檬片作裝飾。

\ 在平底鍋中完成 /

雞肉皮卡塔

價格實惠的雞胸肉皮卡塔。沒有使用工具，最後不得不使用拳頭。
為了釋放日常的壓力，讓我們來壓扁雞胸肉（各位辛苦了，每天都辛苦了）。

絕技

平底鍋

不需要
砧板&菜刀

調理時間
10分鐘

材料（2人份）

雞胸肉⋯⋯⋯⋯⋯⋯⋯⋯⋯⋯6條　　　橄欖油⋯⋯⋯⋯⋯⋯⋯⋯1小匙+1小匙
鹽、胡椒⋯⋯⋯⋯⋯⋯⋯⋯各少許　　　起司粉⋯⋯⋯⋯⋯⋯⋯⋯⋯⋯2大匙
低筋麵粉⋯⋯⋯⋯⋯⋯⋯⋯⋯1大匙　　　番茄醬（根據喜好添加）⋯⋯⋯⋯⋯適量
雞蛋⋯⋯⋯⋯⋯⋯⋯⋯⋯⋯⋯1顆

作法

用手壓扁

1 平鋪保鮮膜，排上雞胸肉。用廚房剪刀去筋，並剪出一道垂直切口。蓋上保鮮膜後，用手一根根按扁展開。

2 移開保鮮膜，撒上鹽、胡椒和低筋麵粉。

無論如何
手工製作是最可靠的！

3 在平底鍋中打入雞蛋，加入1小匙橄欖油、起司粉，混合均勻後加入**2**。

4 開火煎至表面呈焦黃色後翻面，淋上1小匙橄欖油，繼續加熱至熟透。盛盤，根據個人口味擺上番茄醬。

雪寶蝦餅

因為在製作過程中加入了魚板作為黏合劑，所以口感會非常蓬鬆。
繼續揉捏直到容易成形！加點鹽或中濃醬也很美味。

調理時間
18分鐘

絕技
1
平底鍋

絕技
2
烘焙紙

絕技
4
袋子

不需要
砧板＆菜刀

材料（2人份）

蝦仁……………………………………100g
雪寶……………………………………160g
太白粉…………………………………1大匙
低筋麵粉………………………………1大匙

雞蛋……………………………………1顆
麵包粉……………………………4～5大匙
沙拉油…………………………………3大匙

作法

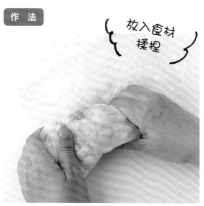

放入食材揉捏

1 將蝦子放入塑膠袋中，用擀麵棍敲打。加入撕碎的魚板和太白粉，繼續揉搓。

2 在平底鍋上鋪上烘焙紙，將**1**分成4等份，並揉成圓形。

不要讓蛋液溢出來

直接倒入，沒有浪費！

3 撒上低筋麵粉，打顆蛋，讓蛋液沾滿整個食材，再將食材排在平底鍋中，取出烘焙紙。

4 撒上麵包粉後，倒入沙拉油進行煎炸。

在平底鍋中裹上麵衣

蝦仁蔬菜炸物

將蔬菜切成大塊,口感更豐富美味。
將麵衣中的水換成蘇打水,可使炸物更脆口。

絕技
1
平底鍋

絕技
2
烘焙紙

不需要
砧板&菜刀

調理時間
18 分鐘

材料（2人份）

蝦仁		6隻
青花菜		70g
櫛瓜		⅓條(60g)
低筋麵粉		1小匙
	低筋麵粉	70g
A	太白粉	1大匙
	蘇打水	100ml
沙拉油		適量
咖哩粉、鹽		適量
檸檬（如果有的話）		⅙個

作 法

1 在平底鍋上鋪上烘焙紙，放入蝦子、用廚房剪刀剪成小朵的青花菜，和切成不規則的塊狀櫛瓜。

2 撒上低筋麵粉，並將其推向一側。

3 在空隙處加入**A**並充分攪拌。

4 將食材充分拌勻。

5 將烘焙紙和食材整個一起拿出來。倒入沙拉油，加熱至170度後將食材一個個放進去炸。盛盤，混合咖哩粉和鹽，如果有檸檬的話可以作為擺設。

絕技 1 平底鍋

絕技 2 烘焙紙

不需要
砧板＆菜刀

不需要盤子，超方便的！

南瓜可樂餅

覺得製作肉丸很麻煩的人，請注意！只需在平底鍋中搓揉後，就可以直接油炸。
借用毛巾或烤箱手套用力搗碎南瓜會更快。

調理時間
18分鐘

材料（2人份）

南瓜 ································ 300g

A
太白粉 ··························· 1大匙
醬油 ····························· 1大匙
砂糖 ····························· ½大匙
奶油 ····························· 5g

低筋麵粉 ·························· 2大匙
雞蛋 ······························· 1顆
麵包粉 ···························· 4大匙
沙拉油 ···························· 4大匙
萵苣（如果有的話）················ 2～3片

作法

這個步驟很重要

1 留下南瓜皮，將籽和纖維去除，用保鮮膜包裹後放入微波爐中加熱約4分鐘。在平底鍋上鋪上烘焙紙，放入南瓜，再放上保鮮膜。

用力搗碎
連皮也要壓碎

2 在毛巾上用手搗碎1。

讓它自然冷卻
就完成了！

3 取下保鮮膜，加入A，抓住烘焙紙揉捏混合均勻。

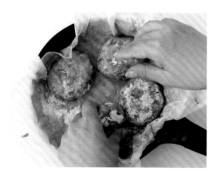

4 分成4等份後揉成球狀，撒上低筋麵粉後，在中央打顆蛋，讓表面都沾滿蛋液。

5 取出烘焙紙，將食材排好。撒上麵包粉後，加入沙拉油煎至金黃。可以在盤子上鋪上萵苣，再盛入南瓜可樂餅。

\ 直接放入平底鍋！ /

蟹味薯餅

馬鈴薯的鬆軟口感令人難以抗拒！
吃了這個不僅可以填飽肚子還能攝取到蔬菜，
只吃這個當晚餐也沒問題！

絕技
1
平底鍋

絕技
2
烘焙紙

不需要
砧板&菜刀

調理時間
18分鐘

材料（2人份）

馬鈴薯	3個
蟹味棒	6條（60g）
菠菜（冷凍）	30g
披薩用起司	30g
A 太白粉	1½大匙
水	2大匙

沙拉油	1大匙
〈醬汁〉	
白味噌	2大匙
砂糖	1大匙
太白粉水（2小匙太白粉＋1大匙水）	
水	100㎖

作法

1 用廚房紙巾將馬鈴薯一個個包好，沾濕後包上保鮮膜，放入微波爐中加熱6分鐘後靜置冷卻。在平底鍋中鋪上烘焙紙，放入切開的蟹味棒、菠菜和冷卻後的馬鈴薯。

2 將馬鈴薯用保鮮膜包好後，在毛巾上搗碎（參考P.83）。取出保鮮膜，加入起司和A，利用烘焙紙揉捏混合。

3 將2取出，放入平底鍋中壓平。加入沙拉油，煎至金黃。關火後扣到盤子上，翻面後再放回平底鍋中繼續加熱。盛盤後，用廚房剪刀分成6份。

4 將除了太白粉水以外的醬汁調味料放入剛才的平底鍋中，加熱。煮沸後加入太白粉水調濃，淋在3上。

絕技
1
平底鍋

不需要
砧板&菜刀

鋁箔紙

與配料同時烹調！

醬燒油豆腐金針菇

在平底鍋中一次完成全部的烹調作業。
雖然簡單，但可做主食也可當小吃，味道保證正確。
加入薑絲會更美味！

調理時間
10分鐘

86

材料（2人份）

油豆腐······························1塊
鴻喜菇····························40g
金針菇····························40g

〈醬汁〉
　醬油·······················1大匙
　甜麵醬··················½大匙
　砂糖·······················1小匙
　太白粉水（2小匙太白粉＋1大匙水）
　水························150㎖
小蔥······························適量

作法

1 在平底鍋的一邊放入油豆腐，用鋁箔紙做個鍋具，放入手撕的鴻喜菇和金針菇，開火加熱。

2 邊將油豆腐煎至金黃酥脆，邊炒香菇類。

隨著年齡的增長
愈來愈喜歡
有醬汁的料理

3 油豆腐翻面後，將太白粉水以外的醬汁調味料倒入鋁箔容器中，攪拌均勻。翻面後的油豆腐也煎至金黃。

4 當醬料開始冒泡泡時，關火，加入太白粉水以增加濃稠度。將油豆腐盛盤，用廚房剪刀切成易食的大小。淋上菇類和醬汁，再撒上切碎的小蔥。

10分鐘內完成的簡易炸物

看起來要花點時間製作的炸物,可以先用保鮮袋或塑膠袋來醃製。
讓我來介紹一些低難度的熱門菜單。

絕技 1 平底鍋　絕技 4 袋子

香煎豆腐雞塊

將食材放入保鮮袋中揉捏,擠出水分。
再有節奏地擠成一團,感受一下
自己正在製作一道了不起的料理。

不需要
砧板&菜刀

調理時間
10分鐘

材料 （大人2人份） ※直徑20cm的平底鍋。	
雞絞肉	300g
板豆腐	150g
A 雞蛋	1顆
低筋麵粉	1大匙
美乃滋	1大匙
鹽	1小匙
胡椒	少許
沙拉油	2大匙＋1大匙
番茄醬、芥末醬(依喜好添加)	適量

作 法

1　將板豆腐瀝乾,和絞肉、**A**一起放入保鮮袋中揉捏混合。

2　擠出袋內的空氣,剪掉一角約1cm,將一半的量擠到平底鍋中,大小以易於食用為主。

3　加入2大匙沙拉油,煎至金黃酥脆,關火盛盤。(擠出剩餘的餡料,加入1大匙沙拉油煎至金黃酥脆)。

4　可搭配番茄醬和芥末醬食用。

經典炸雞塊

材料（大人2人份）

雞腿肉	·················	350g
A	醬油 ·················	1大匙
	米酒 ·················	1大匙
	砂糖 ·················	2小匙
	蒜泥 ·················	½小匙
	薑泥 ·················	½小匙
B	太白粉 ··············	2大匙
	低筋麵粉 ···········	1½大匙
沙拉油	·················	2大匙
美乃滋、七味粉（依喜好添加）		適量

作法

1 將雞肉和**A**放入塑膠袋中靜置約5分鐘（時間越長味道越濃郁）。
2 為了方便取出可將塑膠袋橫向剪開。倒掉汁液，加入**B**，拌勻後排在平底鍋上。
3 加入沙拉油，煎至金黃酥脆。盛盤，可選擇搭配美乃滋或是七味粉。

絕技 平底鍋　絕技 袋子　不需要 砧板&菜刀　調理時間 **10分鐘** ※不包括浸泡時間

材料（大人2人份）

雞翅	·················	14～16支
燒烤醬	·················	1大匙
A	低筋麵粉 ···········	2大匙
	玉米澱粉 ···········	2大匙
沙拉油	·················	適量
〈醬汁〉		
	醬油 ·················	2大匙
	砂糖 ·················	2大匙
	醋 ·················	½小匙
萵苣（如果有的話）		2片

作法

1 將雞翅和燒烤醬放入塑膠袋中，搓揉均勻，靜置約5分鐘。
2 倒掉汁液，加入**A**均勻混合。
3 在170度的油中炸至上色。
4 將醬汁的配料放入耐熱容器中，不蓋保鮮膜，放入微波爐中加熱約40秒，取出後攪拌均勻。
5 將**3**浸到**4**中。可在盤子上鋪上萵苣後再放上雞翅。

香辣雞翅

調理時間 **10分鐘**　絕技 平底鍋　絕技 袋子　不需要 砧板&菜刀

COLUMN 2
Oyone小姐的家常菜單

在這裏我稍微展示一下我們家的日常飯菜。
雖然每天都有各種事情發生，但只要飯菜好吃，氣氛就會很平和。

沒有選擇的星期三

「啊，今天是星期三？！那晚餐就是香辣雞翅。太好了！」從某時候開始，女兒就習以為常地這麼說（我們好像沒有簽過合約，笑！）。為了不再為了想菜單而煩惱，不知不覺間星期三就成了我們家的香辣雞翅日了。

菜單：香辣雞翅（p.89）、蒸萵苣豬五花（p.96），酒蒸蛤蜊高麗菜（p.155）、拍黃瓜（p.159），秋葵海藻湯（p.151）。

力不從心的星期五

無論如何，星期五出現烏龍麵的比例很高。我沒有心情煮飯⋯⋯確切地說，連吃飯的動力都沒有。做了很多不需要用到火的小菜作為開胃菜，然後盡快開始晚酌。

菜單：肉末湯豆腐（p.112）、酪梨鹽昆布p.154）、中式蒸豆苗（p.156），咖哩烏龍麵。

心情愉快的星期六

女兒：「我來幫忙！」
我：「好啊，謝謝你。啊⋯⋯哈哈哈。但媽媽趕時間，所以我馬上就做好了，你可以先看一下 YouTube 休息一下嗎？」
女兒：「好，我在YouTube上等你！」（放心）
平日我和女兒就是這樣對話的。只有在星期六，我才會用扭曲的笑容迎接孩子的「魔法幫忙」（雖然我心裡有些發慌）。如果是和孩子一起做飯，那麼「不用包的餃子」這道料理絕對是首選。過程不會亂、不會弄髒，也幾乎不會失敗！噗噗、啪啪！這樣的動作對孩子來說也十分爽快。

菜單：不用包的餃子（p.38）、麻婆豆腐（p.98），味噌肉燥（p.155）、韓式海苔蛋花湯（p.149）

PART 3

無需開火

只要有盤子
就能完成的料理

只要有一個盤子不僅能做飯也能吃飯。
由於都是微波爐食譜，所以不需要擔心火候。
快來看看這些讓您大開眼界的烹飪技巧吧！

韓式雜菜蒟蒻

即使是放進微波爐中加熱，牛肉也不會變硬。
這可能是因為我的咬勁夠，也可能是蜂蜜的功勞。
為了不讓食材黏在一起，請好好地攪拌。

絕技
3
只用盤子

不需要
砧板＆菜刀

微波爐

作業時間
5分鐘

材料（2人份）

薄切牛肉⋯⋯⋯⋯⋯⋯⋯⋯⋯⋯⋯⋯150g
韭菜⋯⋯⋯⋯⋯⋯⋯⋯⋯⋯⋯⋯⋯2根
洋蔥⋯⋯⋯⋯⋯⋯⋯⋯⋯⋯¼個（50g）
胡蘿蔔⋯⋯⋯⋯⋯⋯⋯⋯⋯¼條（50g）
蒟蒻絲（已煮熟）⋯⋯⋯⋯⋯⋯⋯100g

A	米酒⋯⋯⋯⋯⋯⋯⋯⋯⋯1大匙
	醬油⋯⋯⋯⋯⋯⋯⋯⋯⋯1大匙
	燒烤醬⋯⋯⋯⋯⋯⋯⋯⋯1小匙
	蜂蜜（或砂糖）⋯⋯⋯⋯⋯1小匙

麻油⋯⋯⋯⋯⋯⋯⋯⋯⋯⋯⋯⋯1小匙
白芝麻⋯⋯⋯⋯⋯⋯⋯⋯⋯⋯⋯適量

作 法

在盤子中
均勻搓揉

1 將牛肉放在盤子中，用廚房剪刀剪成易食的大小，加入**A**搓揉均勻。

2 將**1**放入耐熱容器，蓋上保鮮膜，放入微波爐中加熱約2分鐘，取出後加入切成3cm寬的韭菜。

好好攪拌是
訣竅！

3 將洋蔥和胡蘿蔔切成薄片，蒟蒻絲用廚房剪刀剪成5cm長，加入**2**中並淋上麻油。

4 將所有材料充分混合均勻，蓋上保鮮膜，放入微波爐中加熱約2分鐘。稍微攪拌後，撒上白芝麻。

蔬菜肉捲

登場的是深受大家喜愛的肉捲！
如果包上保鮮膜後再加熱就不容易變形，看起來很漂亮。
蔬菜可以根據喜好進行調整，我們家的習慣是蘸著柚子醋吃。

作業時間
5分鐘

絕技
3
只用盤子

不需要
砧板 & 菜刀

微波爐

材料（2人份）

豬里肌肉片⋯⋯⋯⋯⋯⋯⋯⋯⋯⋯⋯⋯300g
胡蘿蔔⋯⋯⋯⋯⋯⋯⋯⋯⋯⋯⋯⋯¹⁄₃條（70g）
水菜⋯⋯⋯⋯⋯⋯⋯⋯⋯⋯⋯⋯⋯⋯⋯1把

作法

首先是
水菜肉捲〜

1 準備長一點的保鮮膜，攤平放上一半份量的里肌肉片。用廚房剪刀剪去水菜的根部，並剪成肉片的長度。

2 將豬肉的左右兩側稍微向內摺一下，像是捲壽司一樣捲起來，兩端要扭緊。

接著是
胡蘿蔔肉捲

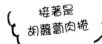

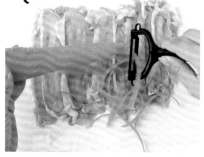

3 將剩餘的豬肉像**1**一樣攤平。用削皮器將胡蘿蔔削成薄片，像**2**一樣捲起來。

4 將**2**和**3**放在耐熱容器上，放入微波爐中加熱約3分鐘。翻面後再加熱約2分30秒。取出後去掉保鮮膜，放在盤子上，用廚房剪刀剪成2〜3cm長。

絕技
3
只用盤子

不需要
砧板&菜刀

微波爐

作業時間
🕐 **3分鐘**

\整顆使用! /
蒸萵苣豬五花

這是一道使用了整顆生菜的豪華料理。無需刀子和砧板。
不要猶豫,大膽地將豬肉夾進生菜中,這樣吃起來幸福感爆棚。

96

材料（2人份）

萵苣	1顆
豬五花肉片	200g
米酒	1大匙
白味噌	1大匙

〈醬汁〉

味噌	1大匙
蠔油	1大匙
米酒	1大匙
水	1大匙
砂糖	½大匙
蒜泥	¼小匙
炒白芝麻	適量

作法

生菜和豬肉是最強的組合

1 在耐熱容器上去掉萵苣的中心部位，底部朝上，夾入豬肉。

直到生菜變軟！

2 將萵苣翻面，撒上米酒、白味噌，蓋上保鮮膜後放入微波爐中加熱約5分鐘。

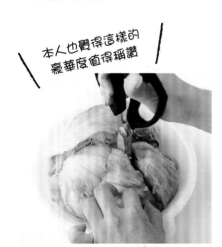

本人也覺得這樣的豪華度值得稱讚

3 用廚房剪刀分成6等份。

4 將除了芝麻以外的醬汁調味料放入耐熱容器中，不用蓋保鮮膜，放入微波爐中加熱約1分鐘。加入芝麻，擺盤上菜。

97

麻婆豆腐

即使是步驟繁多的麻婆豆腐，但只要切好蔥，
將所有材料一起放入，攪拌好後
在微波爐中短暫加熱後就完成了。
請好好攪拌以避免太白粉結塊。

絕技
3

只用盤子

不需要
砧板&菜刀

微波爐

作業時間
3分鐘

材料（2人份）

豬絞肉……………………………………100g
蔥………………………………………⅓條（30g）
板豆腐……………………………………300g

A	醬油…………………………………1大匙
	蠔油…………………………………1大匙
	米酒…………………………………1大匙
	砂糖…………………………………1小匙
	雞粉…………………………………1小匙
	味噌（或天門醬）……………………1小匙
	蒜泥………………………………½小匙
	薑泥………………………………½小匙
	水………………………………200㎖

太白粉……………………………………2大匙
芝麻油（或辣椒油，依喜好添加）…………1小匙
小蔥………………………………………適量

作法

放入碗中即可！

1 將絞肉放入耐熱容器中，用廚房剪刀將蔥切成末。

充分攪拌

2 加入**A**並充分攪拌，再加入太白粉混合均勻。

3 不用蓋保鮮膜，放入微波爐中加熱約3分30秒，取出後充分攪拌。

4 放入豆腐，用廚房剪刀剪成易食的大小。蓋上保鮮膜，放入微波爐中再加熱約3分30秒，依個人口味淋上麻油，撒上切碎的小蔥。

高麗菜豬肉鍋

不用燉煮，就能做出的高麗菜豬肉鍋。
雖然非常簡單，但看起來卻像是花了很多心思一樣。
高麗菜的莖部也沒有浪費！

作業時間
7分鐘

絕技
3
只用盤子

不需要
砧板＆菜刀

微波爐

材料（2人份）

高麗菜	3～4片（120g）	鹽、胡椒	各少許
豬絞肉	250g	水	200㎖
雞蛋	1顆	A 香雅飯醬汁塊	1包
青花菜	4朵	番茄醬	1大匙
披薩用起司	30g	中濃醬	1大匙

作法

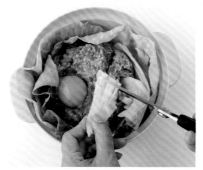

1 用廚房剪刀切開高麗菜莖，將葉子鋪在耐熱容器中。放上絞肉，撒上鹽、胡椒，打入蛋。再將白菜莖剪碎後加入。

2 將餡料揉捏均勻，用高麗菜葉包好。

一顆大大的高麗菜

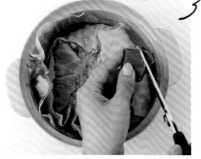

用醬汁輕鬆調味增加口感

3 在高麗菜的外側倒入水。用廚房剪刀剪碎香雅飯醬汁塊，加入 **A**。蓋上保鮮膜，放入微波爐中加熱約5分鐘。

4 取出後攪拌均勻讓醬汁融合，將青花菜排在周圍，蓋上保鮮膜後放入微波爐中加熱約5分鐘。在中間撒上起司，再加熱約1分鐘。

\ 不用揉成球形 /

起司肉丸子

擠好餡料肉丸子就誕生了。
加熱時起司可能會流出來，但可以在享用時說聲「好可愛喔！」。

絕技
3
只用盤子

絕技
4
袋子

不需要
砧板&菜刀

微波爐

作業時間

⏱ **7** 分鐘

材料（2人份）

混合絞肉	300g
雞蛋	1顆
起司條	2條
A 太白粉	1大匙
鹽、胡椒	各少許
番茄醬	2大匙
中濃醬	2大匙

作法

1 將絞肉和 **A** 放入保鮮袋中，打顆蛋後揉搓均勻。擠出袋子中的空氣，剪掉一角約1cm。

輕輕地嵌入起司

2 用廚房剪刀將起司條切成5～6等份。在耐熱容器上將**1**的一半份量擠成一口大小的肉丸子，中間則放上起司。

這樣就完成了

3 將剩餘的**1**擠壓在**2**上，就像蓋上蓋子。

4 蓋上保鮮膜，放入微波爐中加熱約5分鐘後，淋上番茄醬和中濃醬。

＼ 用保鮮膜包裹 ／

梅子雞肉捲

因為很快就能做好，所以也可以作為便當的配菜。
如果沒捲好，拆開後可能會回到未捲前的狀態（有經驗的人知道）。
請確實捲好！

作業時間
🕐 **5分鐘**

材料（2人份）

雞胸肉 ·····························1片
梅子 ·····························1個
紫蘇 ·····························2片
鹽 ·····························½小匙
砂糖 ·····························½小匙

作 法

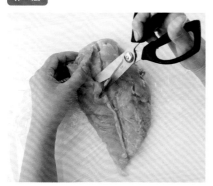

1 準備一條較長的保鮮膜，放上雞肉，用廚房剪刀剪去多餘的脂肪和筋。將雞胸肉從中間向兩側展開，加入鹽和砂糖並揉捏均勻。

2 蓋上保鮮膜後，用橄麵棍輕輕敲打，使厚度保持均勻，靜置約5分鐘。

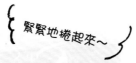

緊緊地捲起來～

3 如果肉上有水分就用廚房紙巾擦乾。放上撕碎的梅子和紫蘇，用保鮮膜緊緊捲起來。兩端要扭緊。

4 將**3**放入耐熱容器中，用微波爐加熱約2分30秒，翻面後再加熱約2分30秒。取出後放涼，切成約1cm寬。

甜醋醬肉丸子

作業時間
5分鐘

下方放置肉丸子，上方則用來製作醬汁，這是個展現紙技巧的食譜。
為了防止受熱不均，要盡量將肉丸揉成相同大小。

絕技
2
烘焙紙

絕技
3
只用盤子

不需要
砧板&菜刀

微波爐

材料（2人份）

雞絞肉⋯⋯⋯⋯⋯⋯⋯⋯⋯⋯⋯⋯300g
醬油⋯⋯⋯⋯⋯⋯⋯⋯⋯⋯⋯⋯1大匙
太白粉⋯⋯⋯⋯⋯⋯⋯⋯⋯⋯⋯1大匙

〈醬汁〉

　胡蘿蔔⋯⋯⋯⋯⋯⋯⋯⋯⋯1/5條（40g）
　豆芽菜⋯⋯⋯⋯⋯⋯⋯⋯⋯⋯⋯40g
　砂糖⋯⋯⋯⋯⋯⋯⋯⋯⋯⋯1½大匙
　醬油⋯⋯⋯⋯⋯⋯⋯⋯⋯⋯⋯1大匙
　醋⋯⋯⋯⋯⋯⋯⋯⋯⋯⋯⋯⋯1大匙
　水⋯⋯⋯⋯⋯⋯⋯⋯⋯⋯⋯100㎖
　太白粉⋯⋯⋯⋯⋯⋯⋯⋯⋯⋯2小匙
麻油⋯⋯⋯⋯⋯⋯⋯⋯⋯⋯⋯⋯1小匙

作 法

1 將絞肉放入盤中，加入醬油和太白粉揉和均勻。分成6份，揉成圓形，排放在耐熱容器的外側。蓋上保鮮膜，放入微波爐中加熱約4分鐘。

2 在肉丸上鋪上烘焙紙，中間凹陷處放上豆芽、用切片器切絲的胡蘿蔔和除了太白粉以外的醬汁配料。

醬汁被
肉丸子包圍了

3 加入太白粉攪拌均勻。不用蓋保鮮膜，放入微波爐中加熱約2分鐘。取出後充分攪拌，蓋上保鮮膜再加熱3～4分鐘。

4 取下保鮮膜，將整個烘焙紙中的配料淋在肉丸子上，之後再淋上麻油。

絕技
2
烘焙紙

絕技
3
只用盤子

不需要
砧板＆菜刀

微波爐

＼善用烘焙紙／
鮭魚起司野菜鍋

這是不需要浸泡的起司鍋。請大方地放入大量起司。
使用烘焙紙可以減少洗碗量。

作業時間
3分鐘

材料（2人份）

鮭魚	2片
青花菜	50g
小番茄	2顆
玉米粒（冷凍）	2大匙
披薩用起司	100g

	米酒	1大匙
A	高湯粉	1小匙
	鹽	少許

作 法

顏色很漂亮

1 將鮭魚放進耐熱容器中。用廚房剪刀將青花菜剪成小朵，小番茄切半，與玉米一起放在鮭魚周圍。撒上**A**。

2 蓋上保鮮膜，放入微波爐加熱3分鐘。

3 取下保鮮膜，鋪上烘焙紙，將起司均勻鋪在上面。蓋上保鮮膜，放入微波爐中加熱約4分鐘。

濃郁滑順地流下來

4 取下保鮮膜，將整個烘焙紙拿起來，倒出裡頭的起司。

正宗的鯖魚味噌

搭配大量醬汁，想要與米飯一起享用。
即使要處理鯖魚，也不會太難。
如果擔心腥味，可以事先用熱水沖洗。

作業時間
🕐 **3**分鐘

絕技
3
只用盤子

不需要
砧板&菜刀

微波爐

材料（2人份）

鯖魚 ······························2片
蔥 ·······················⅓根（30g）
薑 ······························3片

A
味噌 ·······················3大匙
砂糖 ······················2½大匙
米酒 ·····················100㎖

作法

祝你一路順風～

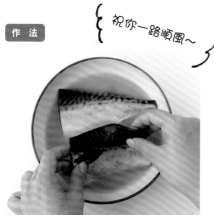

1 將鯖魚洗乾淨，並用廚房紙巾擦乾。在耐熱碟中混合**A**後放入鯖魚。

2 用廚房剪刀將蔥剪成3㎝長。

加上生薑
讓風味更加豐富

3 用切片器切3片薑，放在鯖魚上。蓋上保鮮膜，放入微波爐中加熱約5分鐘。

4 取下保鮮膜，再放入微波爐中加熱約2分鐘。

只要有碗

肉末湯豆腐

豆腐會釋放水分，所以在底部鋪上高麗菜就對了。
軟軟的高麗菜很美味，健康又有飽足感！

作業時間
5分鐘

絕技
2
烘焙紙

絕技
3
只用盤子

不需要
砧板&菜刀

微波爐

材料（2人份）

豬絞肉	80g
高麗菜	2片（80g）
板豆腐	300g
蔥	⅙條（15g）

A		
	砂糖	1大匙
	味噌	1大匙
	醬油	1小匙
	蒜泥	½小匙
七味粉（依喜好添加）		適量

作法

1 將高麗菜撕成一口大小放入耐熱碗中，放上豆腐，用廚房剪刀分成6份。

小心別弄破烘焙紙了

2 在上面鋪張烘焙紙，放上絞肉，用廚房剪刀將蔥剪成末，加入**A**後充分攪拌壓平。

只需攪拌頂部

3 蓋上保鮮膜，放入微波爐中加熱約4分鐘。取出後只攪拌鬆散的部分，再次蓋上保鮮膜，加熱約3分鐘。

我個人喜歡這種軟爛的白菜

4 將烘焙紙整個拿起來，將煮好的絞肉倒在豆腐上。

\無需蒸籠！/

微波爐茶碗蒸

夢幻般的茶碗蒸。
如果怕加熱過頭，請以每次加熱10秒的方式來烹調。
少許「生」並不算失敗，而是愛與努力的結晶。

作業時間
3分鐘

絕技

只用盤子

不需要
砧板＆菜刀

微波爐

材料（2人份）

雞蛋·····2顆	水·····250㎖
雞腿肉·····60g	白味噌·····2大匙
蝦仁（冷凍）·····2尾（30g）	豆苗（如果有的話）·····5g
香菇·····2個	

作法

1 在一個較大的耐熱碗中將蛋打散。

2 用廚房剪刀將雞肉剪成一口大小，加入蝦仁，將香菇剪半加入。

3 加入水，混合均勻。

好好攪拌後再加熱

4 加入白味噌並充分攪拌，不用保鮮膜，放入微波爐中加熱約6分30秒。如果有的話，可以放上切成易食大小的豆苗。

馬鈴薯沙拉

不需要鍋子，也不用煮！

耗時的馬鈴薯沙拉可用微波爐加熱來節省時間。
不需要搗碎器，只需用毛巾使勁壓碎，然後拌勻。

絕技
3
只用盤子

不需要
砧板&菜刀

微波爐

作業時間
5分鐘

材料（2～3人份）

馬鈴薯……………………………3顆
玉米（罐頭）………………………40g
火腿…………………………………2片
小黃瓜………………………⅕條（20g）

A
美乃滋………………………………3大匙
醋……………………………………1大匙
砂糖…………………………………1小匙
芥末籽………………………………1小匙
鹽、胡椒…………………………各少許

作　法

嗯，連皮一起？

1 將馬鈴薯洗乾淨，用廚房紙巾一一包裹，加水潤濕後用保鮮膜包住。放入微波爐中加熱約6分鐘，放涼後用湯匙去除馬鈴薯上的芽。

2 放入容器中，蓋上保鮮膜，在毛巾上輕輕擠壓。

3 加入瀝乾的玉米、用廚房剪刀切成1cm大小的火腿，以及用切片器切成薄片的小黃瓜。

4 加入A並拌勻。

\無需派皮！/

春捲皮鹹派

使用比冷凍派皮更方便的春捲皮。
春捲皮即使破了也沒關係！
酥脆的部分沾上醬汁享用，真是幸福！

絕技
3
只用盤子

不需要
砧板＆菜刀

作業時間
🕐 **3**分鐘

材料（2人份）

雞蛋	1顆
春捲皮	2張
火腿	2片
小番茄	2顆
菠菜（冷凍）	20g
鴻喜菇	20g

	起司粉	1小匙
A	高湯粉	½小匙
	牛奶	100毫升
披薩用起司		50g
乾香菜（如果有的話）		適量

作法

1 在烤盤上將春捲皮鋪平，倒入蛋液。加入**A**並充分攪拌。

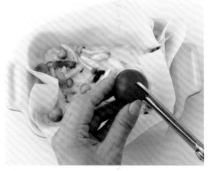

2 用廚房剪刀將火腿剪成細條，小番茄切半。加入菠菜和手撕的鴻喜菇，輕輕攪拌。

這是第二次加熱後

3 不用蓋保鮮膜，放進微波爐加熱約3分鐘。取出後攪拌，再加熱1分30秒左右。

4 撒上起司，輕輕將春捲皮沿著碟子邊緣摺疊，以免燒焦。再放進烤箱加熱3～4分鐘。如果有的話，可以撒上香菜。

Oyone小姐 Q&A

我想借這次機會回答粉絲們所提出的問題，
希望能透過這些回答能讓大家更了解我。

Q. 在Oyone小姐身上感受到了「柔軟」，想知道是從哪裡來的！

A. 能從我身上感受到柔軟，是比我更柔軟的人的評論！非常感謝。人生有各種不同的事情，所以不要勉強，不要在意周遭，按照自己的步調過日子，我現在就是這種感覺。

Q. 您那種男子氣概是從哪裡來的呢？我想要學習！

A. 從柔軟中展現的男子氣概！（這種反差真是厲害，笑！）因為人生多姿多彩，所以不要勉強，不要在意周遭人的眼光，按照自己的步調過日子，現在的我就是這種感覺（第二次說了）。

Q. 想了解Oyone小姐的個性！（雖然和料理完全沒關係，哈哈！）

A. 柔軟與男子氣概這之間的反差很迷人！（自誇）

Q. 您有不喜歡吃的食物嗎？

A. 雖然沒有特別不喜歡，但如果硬要說的話，比起青豆我更喜歡毛豆。請看香菇燒賣（p.32），哈哈。

Q. 想要分享料理的契機是什麼？

A. 說真的，是因為想更珍惜自己。在那充滿戰鬥的日子裡，我覺得應該更加珍惜自己，更加努力地增加每天的「幸福時光」才對，於是便開始將自己所熱愛的料理時間視為重要時刻開始跟大家分享！

Q. 在這本書中，Oyone小姐最喜歡的食譜是哪一個？

A. PART4的「馬上就能完成令人滿意的料理」，在遠距工作時非常有用，許多粉絲也紛紛表示：「做了！」。特別喜歡平底鍋拌飯（p.12），最喜歡的是……選不出來……！

Q. 在出版了食譜書之後，接下來您想嘗試的事是什麼？

A. 想要創建自己的品牌、舉辦料理活動、參與美食節目演出……等等。期待工作上的聯繫（笑）。

PART 4

馬上就能完成

令人滿意的料理

如果能迅速做出大家都喜歡的主食,那該有多好啊!
對於不知道午餐該吃什麼時,
這是專為一個人準備的午餐料理。

只需一個盤子

墨西哥香辣肉燥飯

確認配料已經加熱後，就均勻地撒在飯上！
飯可以是冷凍的或是冷的，只要重新加熱就可以了。

調理時間
10 分鐘

絕技
2
烘焙紙

絕技
3
只用盤子

不需要
砧板&菜刀

微波爐

材料〔1人份〕

米飯	150g
混合絞肉	100g
A 中濃醬	2小匙
番茄醬	1小匙
糖	½小匙
醬油	½小匙
鹽	少許

小番茄	1顆
生菜	1片
披薩用起司	10g

作 法

將飯鋪在盤子上輕輕按壓

1 在熱耐盤子中倒入飯並壓平,然後鋪上烘焙紙。

2 放上絞肉和**A**,拌勻並壓平。

3 蓋上保鮮膜放入微波爐加熱約3分鐘。取出後充分攪拌,不用蓋保鮮膜再加熱約2分鐘。

4 去除保鮮膜,攪拌均勻後將配料放在飯上。放上切半的小番茄和切絲的生菜,撒上起司。

全程使用微波爐

乾咖哩

這款咖哩添加了雞蛋，展現出多層次的風味。
請記得要在雞蛋上刺幾個小孔，以免爆炸。

絕技
2
烘焙紙

絕技
3
只用盤子

不需要
砧板&菜刀

微波爐

調理時間
10分鐘

材料（1人份）

米飯	150g
混合絞肉	100g
小番茄	2顆
茄子	⅓條
雞蛋	1顆
A 番茄醬	1大匙
中濃醬	1大匙
蒜泥	¼小匙
咖哩粉	¼小匙

作法

1 將米飯放入深的耐熱容器中，蓋上烘焙紙後放上絞肉和**A**，攪拌均勻。

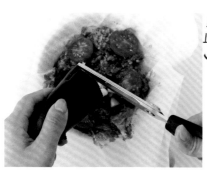

2 加入用廚房剪刀切半的小番茄，剪成細丁的茄子，拌勻、壓平。

刺幾個洞以防爆炸

3 在中央凹陷處鋪上小片的保鮮膜，打上雞蛋並用牙籤刺幾個小孔。輕輕用保鮮膜包住雞蛋，再用保鮮膜包住整個容器，放入微波爐中加熱約3分鐘。

4 取出用保鮮膜包裹的蛋，將肉燥攪拌均勻後不用蓋保鮮膜，放入微波爐中加熱約3分鐘。將雞蛋翻面後放到肉燥上。

5 將整個烘焙紙拉起，把肉燥和雞蛋倒扣在飯上。

\ 俐落的翻面 /

正宗的天津飯

當外出用餐或購物都覺得麻煩時，
推薦這道最強的即席飯。
如果用的是冷凍飯，加熱後在攪拌蛋液時將其壓平，
操作上會更順暢！

絕技
2
烘焙紙

絕技
3
只用盤子

不需要
砧板&菜刀

微波爐

調理時間
7分鐘

126

材料 （1人份）

米飯……………………………150g	
雞蛋……………………………2顆	
蟹味棒…………………………4條	

A
鹽……………………………1小匙	
水……………………………1小匙	
芝麻油………………………½小匙	
雞高湯粉……………………¼小匙	

〈醬汁〉

青豆（如果有的話）………………5粒	
水………………………………3大匙	
甜麵醬…………………………2大匙	
醋………………………………½大匙	
太白粉………………………1½小匙	
砂糖……………………………1小匙	

作 法

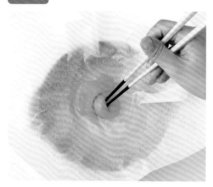

1 將飯放入耐熱碗中，上面鋪上烘焙紙，打入雞蛋。

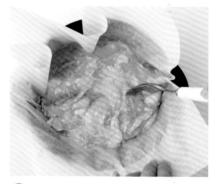

2 加入3條手撕的蟹味棒，加入**A**拌勻。不用保鮮膜，放入微波爐加熱約2分鐘。取出後充分攪拌，再加熱1分鐘。

3 將醬汁中的調味料放入耐熱碗中，充分攪拌。不用保鮮膜，放入微波爐加熱約30秒，充分攪拌後再加熱30秒。

4 拉起烘焙紙將所有食材倒扣在飯上。淋上**3**的醬汁，再放上撕碎的蟹味棒。

神奇的微波爐

三色肉末飯

利用易受熱的大平盤，在微波爐中一次完成肉鬆的製作。
將雞蛋攪拌均勻，使蛋白和蛋黃充分混合。
也可以用喜歡的蔬菜來代替菠菜。

絕技 **2** 烘焙紙

絕技 **3** 只用盤子

不需要 砧板＆菜刀

微波爐

調理時間 **8** 分鐘

材料（2人份）

雞絞肉	100g
雞蛋	1顆
菠菜（冷凍）	30g
米飯	150g

A 糖 ··········· 2小匙
   醬油 ········· 2小匙
B 白醬油 ······· ½大匙
   糖 ··········· 1小匙

作法

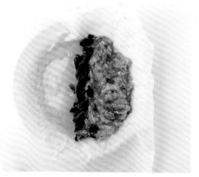

1 在較大的耐熱平盤上鋪上烘焙紙。將雞絞肉放在盤子的一邊，加入**A**拌勻。在另一半打入雞蛋，加入**B**拌勻。中間則放上菠菜。

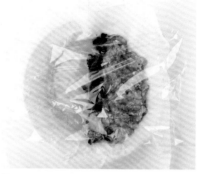

2 蓋上保鮮膜，放入微波爐中加熱約3分鐘。如果還不夠可以以每次20秒的方式繼續加熱，視情況而定。

如果翻面讓您感到不安也可以用滑移！

3 分別對雞絞肉和雞蛋進行攪拌。

4 連同烘焙紙將**3**取出。將飯鋪在盤子上，將烘焙紙上的配料倒扣到飯上。

炒麵飯

有點不好意思，一包炒麵似乎有點不夠。
只要加點飯，就能在充滿罪惡感的同時感到飽足。

調理時間
8分鐘

絕技
3
只用盤子

不需要
砧板&菜刀

微波爐

材料（1人份）

炒麵	1包
火腿	4片
高麗菜	1片 (40g)
米飯	80g
雞蛋	1顆

A ｜ 炒麵調味料（附帶的） ……1包
｜ 中濃醬 …… ½大匙
｜ 醬油 …… 1小匙

※也可以根據喜好添加紅薑、鰹魚片、海苔等作為配料。

作法

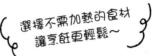
選擇不需加熱的食材
讓烹飪更輕鬆～

1 用廚房剪刀將麵條切碎，放入耐熱盤中。

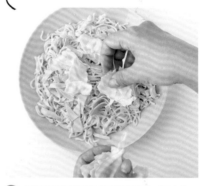

2 將火腿切成細條，高麗菜撕成一口大小。

3 加入飯和**A**拌勻，壓平。

4 在中央凹陷處鋪上小片保鮮膜，打入雞蛋並用牙籤刺幾個小孔。輕輕包裹雞蛋後再用保鮮膜包裹整個碟子，放入微波爐加熱約5分鐘，取出後去掉保鮮膜。

＼白醬也可以用微波爐製作／

爆速奶油焗飯

相較於低筋麵粉，不易結塊的米粉絕對是明智的選擇。
在微波爐中加熱飯的同時，先將肉拌好，
然後放在飯上一起加熱也可以（急躁者）。

絕技
2
烘焙紙

絕技
3
只用盤子

不需要
砧板&菜刀

微波爐

作業時間
8分鐘

材料（2人份）

米飯		200g
混合絞肉		80g
米粉		1½大匙
牛奶		300㎖
高湯粉		1小匙
奶油		5g
A	番茄醬	1大匙
	中濃醬	1大匙
	蒜泥	¼小匙
	鹽	少許
披薩用起司		70g

作 法

1 在盤中加入飯和米粉，混合均勻。

> 加熱後從底部開始攪拌 絕無結塊！

2 加入牛奶和高湯粉，攪拌均勻後在上面放點奶油。

3 不用保鮮膜，放入微波爐中加熱約2分鐘，取出後充分攪拌。

4 在上面鋪上烘焙紙。將絞肉和**A**放在上面拌勻，壓平。蓋上保鮮膜，放入微波爐中加熱約6分鐘。

5 取出後將醬料倒在飯上。撒上起司，放入烤箱再加熱約4分鐘。

\ 用鋁箔紙來翻面 /

平底鍋義式三明治

用中火慢慢加熱，讓內部均勻受熱，口感才會鬆軟。
即使沒有三明治機，也能做出適合早餐的美味佳餚！

絕技

1
平底鍋

不需要
砧板&菜刀

鋁箔紙

調理時間
🕐 **8**分鐘

材料（2～3個分）

鬆餅粉·······················100g
雞蛋···························1顆
火腿·························2～3片
起司片·······················2～3片
牛奶·························100mℓ

作　法

1 放入鬆餅粉、雞蛋和牛奶拌勻。

2 在平底鍋中鋪上鋁箔紙，倒入**1**，蓋上蓋子用中火煮至冒泡。

3 用廚房剪刀將火腿和起司切半，排在一邊。

4 關火，將鋁箔紙摺起，輕輕按壓。再次用小火加熱約1分鐘。

5 翻面再加熱約1分鐘。

作業時間
5分鐘

裝滿整個平底鍋

韓式炒牛肉
米披薩

製作披薩皮很麻煩,所以用飯來代替。
將我最喜愛的韓式牛肉披薩的精華結合在一起。
如果將飯煎得香脆,就能創造出完美的焦香口感。

絕技
1
平底鍋

絕技
2
烘焙紙

不需要
砧板&菜刀

材料 （1人份）

牛肉片·································200g
洋蔥·································¼個（50g）
韭菜·································3〜4根
米飯·································300g

A
醬油·································2大匙
糖·································2大匙
米酒·································1大匙
蜂蜜·································1大匙

A
蒜泥·································1小匙
麻油·································1小匙
韓國辣椒醬·································½小匙

麻油·································½小匙

B
太白粉·································2小匙
雞湯粉·································½小匙
鹽·································適量

披薩用起司·································70g
韓國海苔碎片、細辣椒絲（依喜好添加）··適量

作 法

1 在平底鍋中鋪上專用烘焙紙，放入牛肉並加入**A**拌勻。加熱至肉變色後熄火。洋蔥用切片器切成薄片，韭菜用廚房剪刀切成3cm寬。

2 加熱，煮到水分收乾。熄火後，將整個烘焙紙提起，取出。接著在平底鍋中倒入麻油，加入白飯和**B**，加熱拌勻後壓平。

3 熄火後，將**1**倒在飯上，蓋上鍋蓋，用小火煮約5分鐘。

4 打開蓋子，在中間撒上起司，再次蓋上蓋子，待起司融化。可依喜好添加韓國海苔碎片、細辣椒絲。

焗烤海鮮烏龍麵

烏龍麵經過切碎後，就成了通心粉，這是一種獨特的價值觀（原料都是小麥粉嘛）。
為了充分混合配料，建議使用較大的焗烤盤！

作業時間
5分鐘

絕技

只用盤子

不需要
砧板&菜刀

微波爐

材料（2人份）

烏龍麵（冷凍）	1束
蝦仁（冷凍）	3～4尾
去殼蛤蜊（冷凍）	30g
玉米（罐頭）	30g
鴻喜菇	⅙包(30g)

A
米粉	1½大匙
白醬	1大匙
糖	½小匙
牛奶	300㎖
披薩用起司	60g

作法

1 在焗烤盤中放入烏龍麵和蝦子，不用保鮮膜，放入微波爐加熱約2分30秒。用廚房剪刀將烏龍麵切成2㎝長。

2 加入蛤蜊、瀝乾的玉米、手撕的鴻喜菇和A，攪拌均勻後加入牛奶，稍微攪拌後不用保鮮膜，放入微波爐加熱約5分鐘。

3 取出後，將積聚在底部的米粉拌勻。不用保鮮膜，再次放入微波爐加熱約5分鐘。

4 取出後攪拌一下，撒上起司，再放入烤箱烤約5分鐘。

配料也能用微波爐加熱！

無湯烏龍麵

即使說了「不用準備晚餐了～」，但總是會為回到家時
還是沒吃飽的丈夫準備這款方便的微波烏龍麵。
將肉壓平可以防止受熱不均！

絕技
2
烘焙紙

絕技
3
只用盤子

不需要
砧板＆菜刀

微波爐

調理時間
10分鐘

140

材料 （1人份）

烏龍麵（冷凍）·······························1束		蛋黃·······························1顆
豬絞肉······································100g		小蔥·······························適量
蔥···································· ⅙根(15g)		

A
醬油·······························2小匙
蠔油·······························2小匙
糖··································1小匙
雞湯粉·······························½小匙
蒜泥·······························¼小匙

作 法

1 將烏龍麵放入深的耐熱碟中，不用保鮮膜，放入微波爐中加熱約2分鐘，攪拌至鬆散（只要鬆開即可）。

2 在上面鋪上烘焙紙，放上絞肉，用廚房剪刀將蔥切碎。加入**A**拌勻、壓平。

3 蓋上保鮮膜，放入微波爐中加熱約3分鐘。取出後攪拌一下，不用保鮮膜，再放入微波爐加熱2分鐘。

4 取出後攪拌一下，將**3**倒在烏龍麵上。蛋黃放在中央凹陷處，再撒上切碎的小蔥。

照燒炒麵

要讓炒麵帶上美麗的焦糖色，其實要花上不少的時間。
如果與醬汁同時製作的話，可以節省時間。但要小心不要燒焦了！

調理時間
10 分鐘

絕技

平底鍋

不需要
砧板＆菜刀

鋁箔紙

材料（1人份）

炒麵	1包
蝦仁（冷凍）	2尾
豬肉片	40g
高麗菜	1片（40g）
蔥	1/6根（15g）
香菇	1個
豆芽菜	30g
麻油	1小匙

	米酒	1大匙
	醬油	1大匙
A	蠔油	1/2大匙
	糖	1/2小匙
	鹽	少許
	水	150㎖

太白粉水（2小匙太白粉＋1大匙水）

作法

1 將炒麵放入平底鍋，淋上麻油後開火加熱。

2 將麵推至一邊，熄火。另一邊放上鋁箔做成的容器，加入切成一口大小的豬肉和蝦仁，再次開火加熱。

記得要不時攪拌麵條以免燒焦！

3 熄火後，加入撕成一口大小的高麗菜、用廚房剪刀斜切的蔥、切成薄片的香菇片，和豆芽菜。再次加熱。

4 加入 **A**，煮沸後熄火，加入太白粉水攪拌。將帶焦色的炒麵盛盤，提起鋁箔紙將所有的配料和醬汁淋在麵上。

無需低筋麵粉

鬆軟的大阪燒

由於不使用低筋麵粉，讓人吃飽了也不會有罪惡感。
使用市售的切絲高麗菜也可以！

材料〔2人份〕

板豆腐……………………………300g
雞蛋…………………………………1顆
天婦羅花………………………2大匙
高麗菜……………………⅛顆(100g)
豬五花薄片………………………70g

A | 太白粉……………………………2大匙
　 | 高湯粉……………………………1小匙
　 | 鹽……………………………………少許
沙拉油…………………………½大匙
中濃醬、鰹節、美乃滋、紫菜、紅薑……適量

好好攪拌
直到麵糊結合~

作 法

1 在平底鍋中放入豆腐和**A**,打入雞蛋,用
手充分拌勻。

2 加入天婦羅花和切絲的高麗菜。

繞著圓圈
淋上

3 好好攪拌,壓平。淋上沙拉油後,悶煮約
5分鐘。

4 關火,放上豬肉,扣到盤子上,翻面後放
回平底鍋,再加熱4~5分鐘。煮熟後盛
盤,淋上中濃醬、鰹節、美乃滋、紫菜,
撒上紅薑。

絕技
2
烘焙紙

微波爐

＼不用包！／
稻荷壽司

這是一款不用包的稻荷壽司。是的，這樣就可以了。
如果使用市售的稻荷用油炸豆皮，還可以更快。

調理時間
10分鐘

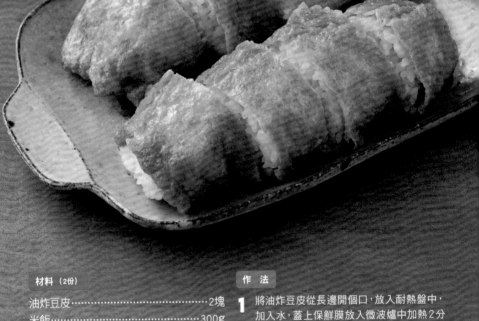

材料（2份）

油炸豆皮	··········	2塊
米飯	··········	300g
水	··········	100㎖
A 糖	··········	2½大匙
醬油	··········	2大匙
米酒	··········	1大匙
水	··········	50㎖

作 法

1 將油炸豆皮從長邊開個口，放入耐熱盤中，加入水，蓋上保鮮膜放入微波爐中加熱2分鐘，進行去油處理。

2 倒掉水，將油炸豆皮洗淨擦乾。加入**A**，讓油炸豆皮充分裹上調味料，再次蓋上保鮮膜放入微波爐中加熱約3分鐘，取出後放涼。

3 將白飯分成兩份放在盤子上，整理成符合油炸豆皮長度的筒狀。將油炸豆皮放在上面，切成適合食用的大小。

使用微波爐的 簡單燉煮料理

看起來需要花費時間的鍋物和燉菜，也可以用微波爐簡單完成。
沒有耐熱碗的話，也可以用一般的碗代替！

調理時間
15分鐘

海鮮豆腐鍋

絕技
3
只用盤子

 微波爐

 不需要砧板&菜刀

材料（2人份）

板豆腐	300g
泡菜	50g
去殼蛤蜊（冷凍）	50g
豬肉	50g
金針菇	½包(40g)
鴻喜菇	½包(40g)
韭菜	1根
雞蛋	1顆
A 雞湯粉	2小匙
味噌	2小匙
糖	1小匙
韓國辣醬	1小匙
水	400㎖
麻油	½小匙

作法

1 在耐熱碗中加入A，充分攪拌後加入豆腐、泡菜、蛤蜊。加入用廚房剪刀剪成一口大小的豬肉，手撕的菇類，和切成2㎝寬的韭菜。

2 蓋上保鮮膜，放入微波爐加熱約8分鐘。

3 在中央打顆蛋，用牙籤戳幾個小孔。蓋上保鮮膜，加熱3分鐘，最後淋上麻油。

POINT
豆腐不用特意切開，吃的時候再用筷子切開即可。

絕技
3
只用盤子

 微波爐

 不需要砧板&菜刀

材料（2人份）

雞翅	6支
蔥	⅓根(30g)
香菇	2朵
A 蔥（青葉部分）	30g
生薑	10g
雞粉	1大匙
米酒	1大匙
水	400㎖
鹽	少許

作法

1 用叉子在雞翅上刺幾個孔，讓味道更容易滲入。用熱水沖洗乾淨後放入耐熱碗中。

2 用廚房剪刀斜切蔥，香菇切半，與A一起加入1中。

3 攪拌均勻後蓋上保鮮膜，放入微波爐中加熱約5分鐘。取出蔥後，用鹽調味。

POINT
用熱水沖洗雞翅可去除腥味。加入生薑可以增添風味！

韓式雞湯

調理時間
10分鐘

想吃時馬上就能做！

湯品食譜

有了搭配的菜餚，今天的菜單就更完美了！讓我來介紹一些簡單快速的湯品。
只需要用到鍋子或微波爐。

豬肉雜菜湯

調理時間
13分鐘

材料（2人份）

豬肉	80g
板豆腐	100g
馬鈴薯	½顆
胡蘿蔔	¼根
鴻喜菇	40g
高麗菜	半片(20g)
水	500㎖
高湯包	1個
味噌	2½大匙

作法

1 肉切成一口大小塊，豆腐切成1cm大小，馬鈴薯和胡蘿蔔切成不規則形狀，鴻喜菇切成薄片，高麗菜撕成小塊。
2 將水、高湯包、馬鈴薯和胡蘿蔔放入鍋中加熱。
3 沸騰時取出高湯包，加入豬肉和豆腐繼續加熱，中途去除浮沫。
4 加入鴻喜菇和白菜繼續加熱，關火後加入溶解的味噌。

POINT
這是一道不容忽視的經典豬肉湯。蔬菜可以隨喜好盡情添加。

酸辣湯

材料（2人份）

豬肉	80g
嫩豆腐	100g
香菇	1個
胡蘿蔔	¼條(50g)
青蔥	⅕根(20g)
金針菇	½包(40g)
雞蛋	1顆
麻油	1小匙
水	400㎖
A 雞粉	1大匙
醋	1大匙
糖	1小匙
醬油	1小匙
太白粉水 (2小匙太白粉＋1大匙水)	
辣油 (依喜好添加)	適量

作法

1 將豬肉切成一口大小，豆腐切成方塊，香菇切薄片，胡蘿蔔和青蔥切絲，金針菇切成3cm長。
2 在鍋中加熱麻油，炒熟豬肉後加水煮沸。加入其餘的材料，煮熟後加入**A**，煮滾。
3 在容器中打個蛋，倒入**2**，攪拌後再加入太白粉水增稠。

POINT
如果辣油放太多的話，就無法挽回了，所以一開始就先少量加入。

調理時間
10分鐘

餛飩湯

不需要 砧板&菜刀

材料（2人份）

豬絞肉……………………50g
餃子皮……………2～4張
韭菜……………………3根
麻油……………………1小匙
水………………………300㎖
雞粉……………………1大匙

作法

1 在鍋中加熱麻油，炒熟豬肉後加水煮沸。
2 將餃子皮切成4等份，韭菜切成1cm寬，加入1中。再加入雞粉，加熱約2分鐘。

調理時間 8分鐘

玉米濃湯

不需要 砧板&菜刀

材料（2人份）

玉米（冷凍）………………………50g
雞蛋………………………………1顆
水…………………………………400㎖
A　雞粉………………………1小匙
　　蠔油………………………1小匙
　　糖………………………½小匙
太白粉水（2小匙太白粉+1大匙水）
鹽…………………………………少許

作法

1 在鍋中放入玉米和水，煮沸。加入A後再次煮沸，加入太白粉水調稠。
2 在碗中打散雞蛋，慢慢倒入1中。用鹽調味。

POINT
添加太白粉水後，一定要再次煮沸，以確保湯品變得濃稠。

調理時間 10分鐘

韓式海苔蛋花湯

不需要 砧板&菜刀

材料（2人份）

雞蛋………………………………1顆
韓國海苔片……………2大匙
A　白味噌………………1大匙
　　雞粉………………½小匙
　　水…………………………400㎖
　　麻油………………½小匙

作法

1 在鍋中加入A，煮沸。
2 在碗中打散雞蛋，慢慢倒入1中。關火後加入韓國海苔片，淋上麻油。

POINT
加入蛋液後，等蛋稍微凝固後再攪拌，讓蛋成形。

調理時間 8分鐘

味噌豆漿湯

調理時間 **10** 分鐘

材料 （2人份）

豬肉·····················80g
白蘿蔔·················50g
胡蘿蔔···········⅕根(40g)

A
味噌·················1大匙
日式白高湯·······1大匙
糖·····················1小匙
豆漿·················200㎖
水·····················100㎖

小蔥·····················適量
芝麻油·················½小匙

作 法

1 用廚房剪刀將豬肉剪成一口大小，白蘿蔔和胡蘿蔔用削皮器削成薄片後放入耐熱容器中。

2 加入**A**後蓋上保鮮膜，用微波爐加熱約6分鐘。撒上切碎的小蔥，淋上芝麻油即可。

POINT
蘿蔔難以熟透，但用削皮器切成薄片後，透過微波加熱還是可以迅速變熱的。

微波爐
不需要
砧板&菜刀

番茄湯

微波爐 不需要 砧板&菜刀

調理時間 **10** 分鐘

材料 （2人份）

番茄（完熟）·············1個
豆苗·····················15g
水·······················300㎖
雞湯塊·················1大匙

作 法

1 將除了豆苗以外的所有材料放入耐熱容器中，不需要覆蓋保鮮膜，用微波爐加熱約5分鐘。

2 用廚房剪刀將番茄切碎，豆苗切成適當長度後加入。

POINT 將整個番茄放入微波爐加熱即可。番茄的酸味真讓人上癮。

越式冬粉湯

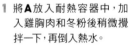
微波爐 不需要 砧板&菜刀

材料 （2人份）

雞胸肉·····················2根
冬粉·····················30g
熱水·····················400㎖

A
雞高湯粉·········2小匙
醬油（如果有，則用魚露）
·····················1小匙

蘿蔔苗·················20g
檸檬·····················⅙個

作 法

1 將**A**放入耐熱容器中，加入雞胸肉和冬粉後稍微攪拌一下，再倒入熱水。

2 蓋上保鮮膜，用微波爐加熱約3分鐘。

3 取出雞胸肉稍微冷卻後撕成絲，再放回湯中，最後再放上蘿蔔苗和檸檬。

POINT
細心地將雞胸肉撕成絲，不撕也可以。

調理時間 **8** 分鐘

微波爐　不需要砧板&菜刀

蟹味棒海帶湯

材料（2人份）

蟹味棒·····················4根
乾海帶······················2g
A | 日式白高湯·····½大匙
　 | 醬油·············½小匙
　 | 水·················400㎖
炒白芝麻···············少許

作　法

1 用手將蟹味棒撕成條狀，放入耐熱容器中後，加入海帶和 **A**，稍微攪拌。
2 蓋上保鮮膜，用微波爐加熱約4分鐘，撒上白芝麻後就完成了。

調理時間 ⏱ **8**分鐘

調理時間 ⏱ **10**分鐘

奶油蛤蜊湯

材料（2人份）

去殼蛤蜊（冷凍）·········40g
火腿·······················2片
混合蔬菜（冷凍）·········30g
米粉·····················2小匙
牛奶····················300㎖
雞湯塊···················1小匙
奶油·······················5g

微波爐　不需要砧板&菜刀

作　法

1 將火腿切成1㎝大小的塊狀，放入耐熱容器中，加入蛤蜊和冷凍蔬菜，撒上米粉後攪拌均勻。
2 加入牛奶和雞湯塊，攪拌後放入奶油。蓋上保鮮膜用微波爐加熱約3分鐘。取出攪拌後，再蓋上保鮮膜加熱1分鐘。

POINT
使用米粉而非低筋麵粉可避免結塊。加入牛奶前先攪拌均勻是關鍵。

秋葵海藻湯

材料（2人份）

秋葵·······················3根
生海藻·····················50g
水·····················300㎖
日式白高湯·········1半大匙

作　法

1 用廚房剪刀將秋葵剪成5㎝厚的片狀，海藻也剪成5㎝長。
2 將所有材料放入耐熱容器中，不用覆蓋保鮮膜，用微波爐加熱約4分鐘即可。

POINT
Q「秋葵不用削皮嗎？」
A「不用，直接放入即可。」

調理時間 ⏱ **8**分鐘

再加一道！快速菜單

只需一種食材，簡單的拌合或是直接放進烤箱。
雖然簡單，但每一道都很好吃。

醃小黃瓜

絕技 4 袋子

材料（2～4人份）

小黃瓜	1條
白蘿蔔（帶葉）	1個
A	白醬油	2½大匙
	醋	1小匙
	糖	½小匙

作法

1 將小黃瓜斜切成1cm厚的斜片，
　白蘿蔔連皮切成0.5cm厚，蘿蔔葉
　切成2cm長。

2 將1和A放入塑膠袋中，揉合後放
　入冰箱冷藏室醃漬30分鐘以上。

作業時間
⏱ **5**分鐘

POINT
味道清淡，可以無限享用。在醃
漬的同時，可用來準備主菜！

榨菜風青花菜心

材料（2人份）

青花菜梗	60g
A	水	200㎖
	醬油	1小匙
	雞肉高湯粉	½小匙
	糖	½小匙
	芝麻油	½小匙
	辣油	¼小匙

作法

1 削去青花菜梗的皮，切成
　1cm厚的圓片。

2 將1和水放入耐熱碗中，不
　用蓋上保鮮膜，用微波爐
　加熱約2分鐘。

3 瀝乾後，用廚房紙巾吸乾
　水分。放入塑膠袋中加入
　A，靜置10分鐘以上。

絕技 4 袋子　微波爐

作業時間
⏱ **3**分鐘

POINT
看起來就像榨菜！味道也相當棒！
請試著做做看。

炸毛豆

絕技 1 平底鍋　絕技 4 袋子　不需要 砧板&菜刀

材料（2人份）

毛豆仁（冷凍）…………60g
A | 雞精粉…………1小匙
　 | 起司粉…………1小匙
太白粉……………2小匙
沙拉油……………100㎖
鹽…………………少許

作法

1 將毛豆和A放入塑膠袋中混合均勻。
2 加入太白粉，攪拌均勻。
3 放入170度的油中，炸約2分鐘，略呈茶色後撈出瀝油，撒上鹽。

POINT
在炸完其他食材後，再做這道菜吧。這是最後的吮指小吃。

調理時間 5分鐘

油豆腐起司小魚乾

材料（3人份）

油豆腐………………1片
披薩用起司…………3小匙
小魚乾………………3小匙
麵汁…………………2小匙
小蔥…………………1根

POINT
因為有切口，所以吃的時候食材不會掉落。

作法

1 用廚房紙巾吸去油豆腐的油份，切成三等分後在中間切個開口。
2 在耐熱盤上排好1。將1小匙起司放入切口中，再加上小魚乾。
3 放進烤箱烤約5分鐘後，淋上麵汁，撒上切碎的小蔥。

絕技 3 只用盤子 調理時間 10分鐘

天婦羅花拌高麗菜

材料（2人份）

高麗菜………3～4片（150g）
天婦羅花……………3大匙
麵汁…………………2大匙
海苔粉………………1小匙
柴魚片…………1包（2.5g）
芝麻油………………½小匙
七味辣椒粉（根據口味）適量

作法

1 高麗菜切絲。
2 將所有材料放入深盤中拌勻。根據口味可撒上七味辣椒粉。

POINT
做完章魚燒後，總會剩下多的天婦羅花和海苔粉，這道救星食譜就可以派上用場了，還會為此特意去購買天婦羅花。

調理時間 5分鐘

青椒鮪魚美乃滋

絕技
3
只用盤子

材料（2人份）

青椒	2個
鮪魚（罐頭）	1罐（70g）
A 美乃滋	2小匙
醬油	½小匙
麵包粉	2小匙

作 法

1 青椒縱向切半。將鮪魚瀝乾，在罐頭中加入**A**，攪拌均勻後分成4份。
2 在耐熱盤上排好青椒，填入鮪魚，撒上麵包粉，用烤箱烤約4分鐘。

POINT
享受青椒的脆口感和麵包粉的香脆。烘烤程度可以根據個人的喜好來調整。

調理時間
8分鐘

調理時間
5分鐘

酪梨鹽昆布

材料（2人份）

酪梨	1個（大）
鹽昆布	2g
白醬油	½小匙
芝麻油	1小匙

作 法

1 酪梨縱向切半，取出種子，用湯匙挖出果肉，在皮內攪拌。
2 用果皮作為容器，加入鹽昆布、白醬油、芝麻油拌勻。

POINT
簡單卻很時尚。只需混合即可，請務必嘗試看看。

味噌肉燥

材料 （2人份）

豬絞肉	150g
蔥	10g
糖	1半大匙
味噌	1大匙
米酒	1大匙
水	1大匙
醬油	½大匙
蒜蓉	¼小匙
喜歡的蔬菜	適量

作 法

1 用廚房剪刀將蔥剪成碎末。在耐熱碗中加入除了蔬菜以外的所有材料，混合均勻。

2 蓋上保鮮膜，微波約2分鐘。取出後攪拌均勻，不蓋保鮮膜再微波約3分鐘。加入喜歡的蔬菜。

調理時間 **8分鐘**

微波爐

POINT

搭配蔬菜、加在白飯上，或是豆腐上都很合適。適合用來搭配任何菜餚。

酒蒸蛤蜊高麗菜

調理時間 **6分鐘**

微波爐　不需要砧板&菜刀

材料 （2人份）

高麗菜	3片(120g)
去殼蛤蜊(冷凍)	50g
A 水	2大匙
米酒	1大匙
白醬油	2小匙

作 法

1 將蛤蜊平鋪在耐熱盤上，不用保鮮膜，微波約1分鐘。

2 取出後，用廚房紙巾吸去水分。將高麗菜撕成適口的大小，加入**A**，蓋上保鮮膜，再微波約3分鐘。

3 攪拌均勻，讓味道充分滲透。

POINT

因為不想處理蛤蜊吐沙，所以就用冷凍品來代替。

白菜玉米沙拉

調理時間 **10** 分鐘

不需要
砧板&菜刀

材料 （2～4人份）

白菜............¼個（300g）
火腿............2片
玉米（罐頭）............20g
鹽............½小匙
A
糖............2大匙
醋............1半大匙
美乃滋............1大匙
胡椒............適量

作法

1 用廚房剪刀將白菜剪成
5cm寬的條狀，放入碗中
加鹽拌勻後靜置約5分
鐘。將火腿切成帶狀。
2 擦乾白菜上的水分，加入
火腿、瀝乾的玉米、A，拌
勻後撒上胡椒即可。

POINT
比高麗菜更加清爽，有剩餘的
白菜時非常推薦這道料理。

調理時間 **3** 分鐘

中式蒸豆苗

材料 （2人份）

豆苗............70g
A
蒜蓉............¼小匙
雞精粉............1小匙
水............1小匙
麻油............½小匙

作法

1 豆苗用廚房剪刀剪半後放
入耐熱盤，加入A拌勻。
2 不需要蓋上保鮮膜，直接
放入微波爐加熱約1分
鐘，然後淋上麻油拌勻。

絕技
3
只用盤子

微波爐

不需要
砧板&菜刀

POINT
做法雖然簡單，但我認為是最美味的吃法。
想多吃一點的人可以做雙人份。

竹輪蘆筍卷

材料 （2人份）

竹輪............4根
綠蘆筍............4根
起司條............1條
美乃滋............4小匙
黑胡椒、醬油
（根據喜好調整）....適量

作法

1 在竹輪上縱向切開一道口子，
內側塗上1小匙的美乃滋。
2 蘆筍去皮後放入竹輪中，再放
上撕成4等分的起司條。
3 將竹輪排列在鋁箔紙上，用烤箱
烤5～6分鐘。起司融化後，依
喜好撒上黑胡椒和醬油。

調理時間 **10** 分鐘

滑蛋番茄

絕技 3 只用盤子　微波爐　不需要砧板&菜刀

調理時間 5分鐘

材料（2人份）

雞蛋…………3顆
小番茄………3個
水……………1大匙
白醬油……1大匙

作法

1. 在稍深的耐熱盤中打入雞蛋，加入切半的小番茄。
2. 加入水和白醬油，攪拌後不蓋保鮮膜，直接用微波爐加熱約1分10秒。
3. 輕輕攪拌後，不蓋保鮮膜再加熱1分10秒，取出後再次攪拌。

POINT
透過兩次加熱，讓雞蛋均勻受熱變得滑嫩。

調理時間 5分鐘

燒青椒

絕技 3 只用盤子　微波爐

不需要砧板&菜刀

材料（2～4人份）

青椒……………………4個
A｜麵汁……………1大匙
　｜生薑泥………½小匙
柴魚片………½包（1.25g）
麻油……………………1小匙

作法

1. 用手指按壓青椒的蒂部，將種子和蒂一起取出。在耐熱盤中混合A後放入青椒。
2. 蓋上保鮮膜，在微波爐中加熱約4分鐘，取出後撒上柴魚片和麻油即可。

POINT
使用麵汁和生薑泥，製作出大家喜愛的那種日式風味。採用按壓法來取出青椒種子，就能一次成功！

辣炒切餅年糕

絕技 3 只用盤子　微波爐

調理時間 4分鐘

材料（2人份）

切餅………………………2塊
A｜砂糖……………1大匙
　｜醬油……………2小匙
　｜辣椒醬（依喜好）¼小匙

作法

1. 將切餅縱向切成3等份，放入耐熱碟中。
2. 蓋上保鮮膜，放入微波爐加熱約30秒，倒入混合好的A。不用保鮮膜，再加熱約40秒。

POINT 這是一道丈夫說「這樣就可以當飯吃了！」的料理。雖然這樣已經很好了，但當成零食吃也可以。

不需要
砧板&菜刀

烤鱈寶

材料（2～3人份）

鱈寶	1片
海苔醬	1小匙
披薩用起司	20g

作法

1 用廚房剪刀將鱈寶切成6等份。
2 在鋁箔紙上排好鱈寶，均勻塗上海苔醬後撒上起司，用烤箱烤4～5分鐘。

POINT
單吃起司可能稍嫌單薄，加上海苔醬後就恰到好處。

調理時間
7分鐘

絕技
3
只用盤子

微波爐

不需要
砧板&菜刀

鯖魚高麗菜番茄燉菜

材料 （2人份）

鯖魚（罐頭）	1罐（150g）
高麗菜	1片（40g）
鴻喜菇	¼包（40g）
大蒜	1瓣
番茄（罐頭，切塊）	150g
A 高湯塊	1小匙
糖	½小匙
鹽	適量

作法

1 瀝乾鯖魚，放入深一點的耐熱碟中，用湯匙碾碎。將高麗菜撕成適口大小，鴻喜菇手撕，大蒜用廚房剪刀切成四等份。
2 均勻鋪上番茄，加入**A**拌勻。
3 蓋上保鮮膜，微波約4分鐘。

調理時間
8分鐘

POINT
鯖魚要碾碎以避免爆裂。

只需拌勻!

祕製2款中式小品

利用家人喜愛的中式調味料，快速完成配菜。
這種調味料可以多做一些，拌麵也很好吃！

祕製中式調味料

材料（容易製作的分量）

醬油…………2大匙　　雞精粉…………½小匙
蠔油…………2大匙　　醋…………½小匙
麻油…………2大匙
糖…………1小匙

作法　將所有材料放入碗中攪拌均勻。

拍黃瓜

材料（2人份）

小黃瓜…………2條
祕製中式調味料‥1½大匙
白芝麻…………適量

調理時間
⏱ **5分鐘**

絕技
4
袋子
不需要砧板&菜刀

作法

1 將小黃瓜放入塑膠袋中，用橄麵棍輕拍至適口大小。將小黃瓜移到盤子上，用廚房紙巾吸乾水分。
2 加入祕製中式調味料，拌勻後撒上芝麻。

POINT
拌勻前盡量去除水分，這樣味道會更加濃郁。

酪梨鮭魚波奇

材料（2人份）

鮭魚（生食級）…………150g
酪梨…………100g
祕製中式調味料‥1½大匙
小蔥…………適量
白芝麻…………適量

作法

1 將鮭魚和酪梨切成1cm的立方塊，放入盤中。
2 加入祕製中式調味料，拌勻後撒上切碎的小蔥和芝麻。

調理時間
⏱ **5分鐘**

POINT　不僅適合搭配米飯，作為小吃享用也很棒！
用鮪魚替代也很不錯。

即席！

用方便的鹽醬調出店家的風味

想要添加一道小菜時，鹽醬會是個祕密武器。
只需拌入多餘的蔬菜，就能成為一道出色的料理。

方便的鹽醬

材料（容易製作的份量）

白味噌……………………2大匙
麻油………………………1大匙
蠔油……………………½小匙
雞湯底……………………¼小匙

作法

1 將所有材料放入
小碟中拌勻。

鹽醬高麗菜

不需要
砧板＆菜刀

材料（2人份）

高麗菜…………5片（200g）
鹽醬……………………1½大匙
白芝麻…………………適量

作法

1 將高麗菜撕成一口
大小放入碟中。
2 淋上鹽醬，拌勻後
灑上芝麻。

調理時間
3分鐘

POINT 這是參考燒肉店的作法，
好吃到您停不下來！

榨菜拌豆芽

不需要
砧板＆菜刀

調理時間
5分鐘

材料（2人份）

榨菜（調味）……………60g
豆芽菜……………………200g
鹽醬……………………1大匙
七味粉（根據喜好）……適量

作法

1 將榨菜切成5cm厚度。
2 將豆芽放入耐熱碗中，
蓋上保鮮膜，用微波爐
加熱約2分鐘。
3 瀝乾水分後，加入1、鹽
醬，拌勻後根據喜好灑
上七味粉。

POINT

如果喜歡辛辣口味，這也很適
合當成點心。這是一個可以大
量使用豆芽菜的食譜。

PART 5

美味的

簡單
小點心

對於那些想吃點甜食，但卻不想大費周章的人，
這是推薦給您的食譜。
雖然不難，但一定能滿足您的胃口和心靈。

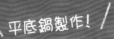

濕潤的水果蒸蛋糕

即使沒有蒸籠，也能做出濕潤鬆軟的蒸蛋糕。
使用煎餅粉和罐裝水果汁，輕鬆製作。

絕技
1
平底鍋

作業時間
⏱ **5**分鐘

材料（150 容器2個分）

鬆餅粉⋯⋯⋯⋯⋯⋯⋯⋯⋯⋯⋯80g
雞蛋⋯⋯⋯⋯⋯⋯⋯⋯⋯⋯⋯⋯1顆
水果混合罐頭(不含汁)⋯⋯⋯⋯⋯100g

A 水果罐頭的汁⋯⋯⋯⋯⋯⋯⋯2大匙
　砂糖⋯⋯⋯⋯⋯⋯⋯⋯⋯⋯⋯1大匙
　牛奶⋯⋯⋯⋯⋯⋯⋯⋯⋯⋯⋯1大匙
　沙拉油⋯⋯⋯⋯⋯⋯⋯⋯⋯⋯1大匙
水⋯⋯⋯⋯⋯⋯⋯⋯⋯⋯⋯⋯400㎖

作法

1 在碗中放入鬆餅粉，打入雞蛋，加入**A**拌勻。

2 加入水果拌勻。

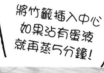

將竹籤插入中心
如果沾有蛋液
就再蒸5分鐘！

3 將**2**倒入耐熱容器中。

4 在平底鍋中倒入水，放入**3**，蓋上鋁箔紙蒸15～20分鐘（過程中如果水分蒸發光了，請再添加水）。

\ 用保鮮袋做 /

優格草莓冰淇淋

混合後，放入冷凍庫！
由於果醬的甜度不夠，可以根據喜好進行調整。
也可以使用您喜歡的果醬進行改良。

絕技
4
袋子

作業時間
🕐 **10**分鐘

材料（作りやすい分量）

優格（原味無糖）·····················200g
鮮奶油··································50g
草莓果醬······························200g

作 法

使用切碎器
會更輕鬆！

1 將優格倒入保鮮袋中，打開後用打蛋器
攪拌。將鮮奶油放入切碎器中，並在包
圍著冰袋的情況下攪拌。

2 打至八分發左右。

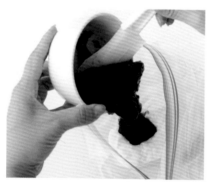

3 將草莓果醬加入**2**。

4 充分混合後放入冷凍庫。約1小時後取
出，揉捏保鮮袋後再放回冷凍庫冷凍
3小時以上。

\ 用微波爐煮 /

豆腐白玉丸子

微波爐

不需要盤子,只需一個碗!
使用微波爐,省去煮水的鍋子。

調理時間
8分鐘

材料（2人份）

白玉粉 ……………………………… 70g
嫩豆腐 ……………………………… 90g
煮好的紅豆、芝麻粉（依喜好添加）……… 適量

作 法

加入豆腐
口感更 Q 彈！

1 在耐熱碗中放入白玉粉和嫩豆腐，充分攪拌。

2 當麵團開始凝聚時，捏成一口大小的圓球。

3 倒入足夠覆蓋**2**的熱開水（不計量），不用蓋保鮮膜，用微波爐加熱約3分30秒。

加熱後會很燙
要小心～

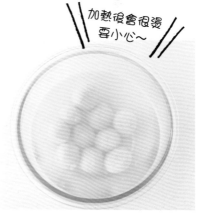

4 放入冷水中冷卻後盛入碗中，加上煮好的紅豆，撒上芝麻粉就完成了。

棉花糖牛奶布丁

利用棉花糖中的砂糖和明膠來凝固。
只需混合牛奶和棉花糖，非常簡單！

絕技
3
只用盤子

微波爐

材料（100 容器2個分）

棉花糖·······························25g
牛奶·································90㎖

※由於加熱時棉花糖會膨脹，因此，倒
　入液體時應留出約2cm的空間。

作 法

1 將所有材料均分成2份放入耐熱容器中，不
用蓋保鮮膜，放入微波爐中加熱約1分鐘。

2 充分攪拌使棉花糖完全融化，稍冷後置於冷
藏室冷藏3小時以上使其凝固。

POINT

加熱後請充分攪拌。冷藏
3小時後，口感會變得柔
軟綿密，冷藏一整天後會
變得彈牙有嚼勁，可依個
人口味來調整。

作業時間
3分鐘

只需混合！
栗子蒙布朗點心麵包

只需混合栗子和鮮奶油，就能完成蒙布朗奶油！
塗抹在麵包上，打造出滿足感十足的點心麵包。

材料 （4個分）

去殼栗子 ……………………………80g
鮮奶油（市售）…………………………50g
吐司（6片裝）…………………………1片
去殼栗子（用於裝飾）………………2顆

作法

1 將栗子放入切碎器中，切碎。

2 加入鮮奶油，蓋上蓋子搖晃5～6次。

3 將吐司切成4等份，抹上**2**，做成山形，再放上切半的栗子。

調理時間
⏱ **10** 分鐘

POINT

使用市售鮮奶油無需打發，非常方便！我用的是噴霧式的。

\用春捲皮做 /
砂糖千層酥條

如果有剩餘的春捲皮，請試試看這個點心。
一旦嘗試過，就無法停止的美味。

調理時間
🕐 **8分鐘**

材料（6份）

春捲皮⋯⋯⋯⋯⋯⋯⋯⋯⋯⋯6張
砂糖⋯⋯⋯⋯⋯⋯⋯⋯⋯⋯3小匙

作 法

1 將春捲皮放在保鮮膜上，每張撒上½小匙的砂糖，捲成棒狀。總共做5根。

2 將1的封口朝下放在鋁箔紙上，放入烤箱中烤約5分鐘。

POINT

砂糖要均勻地撒在整張春捲皮上。封口處不需要塗抹任何東西，因為烤過後會牢牢黏合。請放心。

調理時間
10分鐘

用切餅做
烤米果

材料 （20個分）

切餅·······················2個
砂糖·······················1大匙
醬油·······················1大匙

作 法

1 將切餅切成10等份。
2 在耐熱盤上鋪上烘焙紙，將**1**均勻排列，以免黏在一起。不用保鮮膜，放入微波爐中加熱約7分30秒，中途需翻面以免燒焦。
3 在另一個耐熱容器中放入砂糖和醬油，不用保鮮膜，在微波爐中加熱約50秒使糖完全溶解。
4 將**3**倒入**2**中攪拌均勻。

微波爐

POINT
如果過年時有剩下的切餅，不妨試著做成米果。

只需撒上！
螺旋麵零嘴

材料 （2～3人份）

義大利螺旋麵·······················180g
高湯粉·······················½大匙
砂糖·······················½大匙
肉桂粉·······················2～3撮
沙拉油·······················200㎖

作 法

1 以170度的油將義大利螺旋麵炸至金黃色，撈起瀝乾放涼。
2 將**1**均分放入保鮮袋中，一個加入高湯粉，一個加入砂糖和肉桂粉，充分搖晃均勻。

POINT
一次作出兩種口味。炸至金黃酥脆是保持口感的訣竅。

調理時間
7分鐘

絕技
1
平底鍋

食材 INDEX

173

蔬菜加工品

〈作者簡介〉

Oyone

快速食譜的創作者，以及兩個孩子的職業媽媽。以「將烹調門檻降至最低」為座右銘，每天都在分享能夠輕鬆快速製作且美味的食譜。從2021年開始在Instagram和TikTok上活動，一下子就吸引了眾多關注，截至2022年12月追隨數約有25萬人。

Instagram：@oyone.gram
TikTok：oyoneyone
YouTube：OYONE LIFE

STAFF
攝影　佐山裕子（主婦の友社）
設計　岡睦、更科絵美（mocha design）
料理造型＆菜色搭配　ダンノマリコ
攝影協力　UTUWA
企劃・編輯協力　宮本貴世
責任編輯　町野慶美（主婦の友社）

禁断の爆速ごはん ここまでやっちゃう 100 レシピ
© Oyone 2023
Originally published in Japan by Shufunotomo Co., Ltd.
Translation rights arranged with Shufunotomo Co., Ltd.
Through CREEK & RIVER Co., Ltd.

職業婦女也能快速上菜！
菜好煮・煮好菜100道料理

出　　　版／楓葉社文化事業有限公司
地　　　址／新北市板橋區信義路163巷3號10樓
郵 政 劃 撥／19907596　楓書坊文化出版社
網　　　址／www.maplebook.com.tw
電　　　話／02-2957-6096
傳　　　真／02-2957-6435
作　　　者／oyone
翻　　　譯／陳良才
責 任 編 輯／陳鴻銘
內 文 排 版／陳鴻銘
港 澳 經 銷／泛華發行代理有限公司
定　　　價／360元
初 版 日 期／2024年6月

國家圖書館出版品預行編目資料

職業婦女也能快速上菜！菜好煮、煮好菜100道料理 / Oyone作；陳良才譯. -- 初版. -- 新北市：楓葉社文化事業有限公司, 2024.06 面；　公分

ISBN 978-986-370-688-5（平裝）

1. 食譜 2. 烹飪

427.1　　　　　　　　　　113005925